普通高等教育"十二五"规划教材

机械制图习题集

JIXIE ZHITU XITIJI

张元莹　郭红利　主编

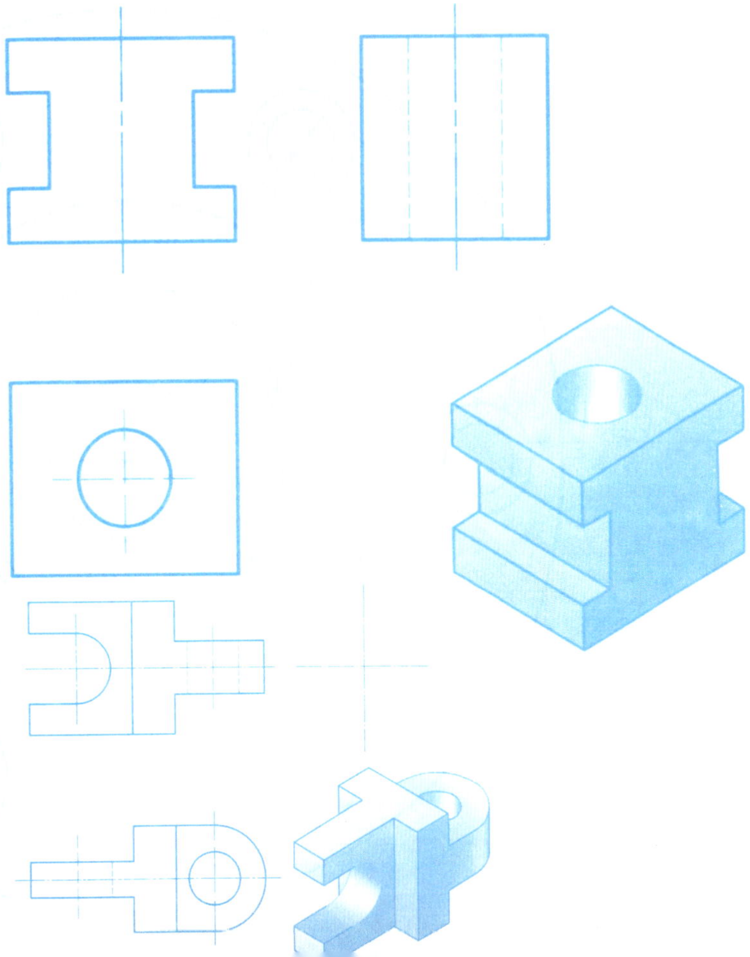

化学工业出版社
·北京·

图书在版编目(CIP)数据

机械制图习题集/张元莹，郭红利主编．—北京：化学工业出版社，2011.1（2018.9 重印）
普通高等教育“十二五”规划教材
ISBN 978-7-122-08792-8

Ⅰ．机…　Ⅱ．①张…②郭…　Ⅲ．机械制图-高等学校-习题　Ⅳ．TH126-44

中国版本图书馆 CIP 数据核字（2010）第 106531 号

责任编辑：张兴辉　王　烨　　　　装帧设计：韩　飞
责任校对：王素芹

出版发行：化学工业出版社(北京市东城区青年湖南街 13 号　邮政编码 100011)
印　　刷：三河市延风印装有限公司
装　　订：三河市宇新装订厂
880mm×1230mm　1/8　印张 9¼　字数 246 千字　　2018 年 9 月北京第 1 版第 6 次印刷

购书咨询：010-64518888(传真：010-64519686)　　售后服务：010-64518899
网　　址：http://www.cip.com.cn
凡购买本书，如有缺损质量问题，本社销售中心负责调换。

定　　价：19.00 元

前　　言

本习题集是根据《普通高等院校工程图学课程教学基本要求》和最新的有关制图国家标准编写的。

本习题集各章节选题典型、目的明确、重点突出、覆盖面广，从前至后贯穿了徒手图的训练，单独设置了零部件测绘练习。习题难度由浅入深、循序渐进，能够满足不同专业、不同层次的教学需求。

本习题集由陕西科技大学张元莹、郭红利主编，周明贵、张春侠参加编写。编写过程中得到了图学组各位老师的建议和帮助，在此深表谢意。

由于编者水平有限，书中不妥之处敬请同行专家和读者批评指正。

编者

目　　录

1-1　字体练习（一）

1. 汉字练习

写机械图样必须做到字体端正笔画清

楚排列整齐间隔均匀汉字用长仿宋体

写长仿宋体的要领横平竖直注意起落结构匀称填满方格

2. 数字、字母练习

1234567890RΦ　1234567890RΦ

ABCDEFGHIJKLMNOPQRSTUVWXYZ

abcdefghijklmnopqrstuvwxyzαβγ

12345678910　I II III IV V VI IX X

班级　　　　姓名　　　　学号

1-1　字体练习（二）

10号长仿宋体字

7号长仿宋体字

5号长仿宋体字

7号字母(斜体)

5号字母(斜体)

7号数字(斜体)

5号数字(斜体)

3.5号数字(斜体)

1-2　在指定位置按范例画出各类图线和图形。

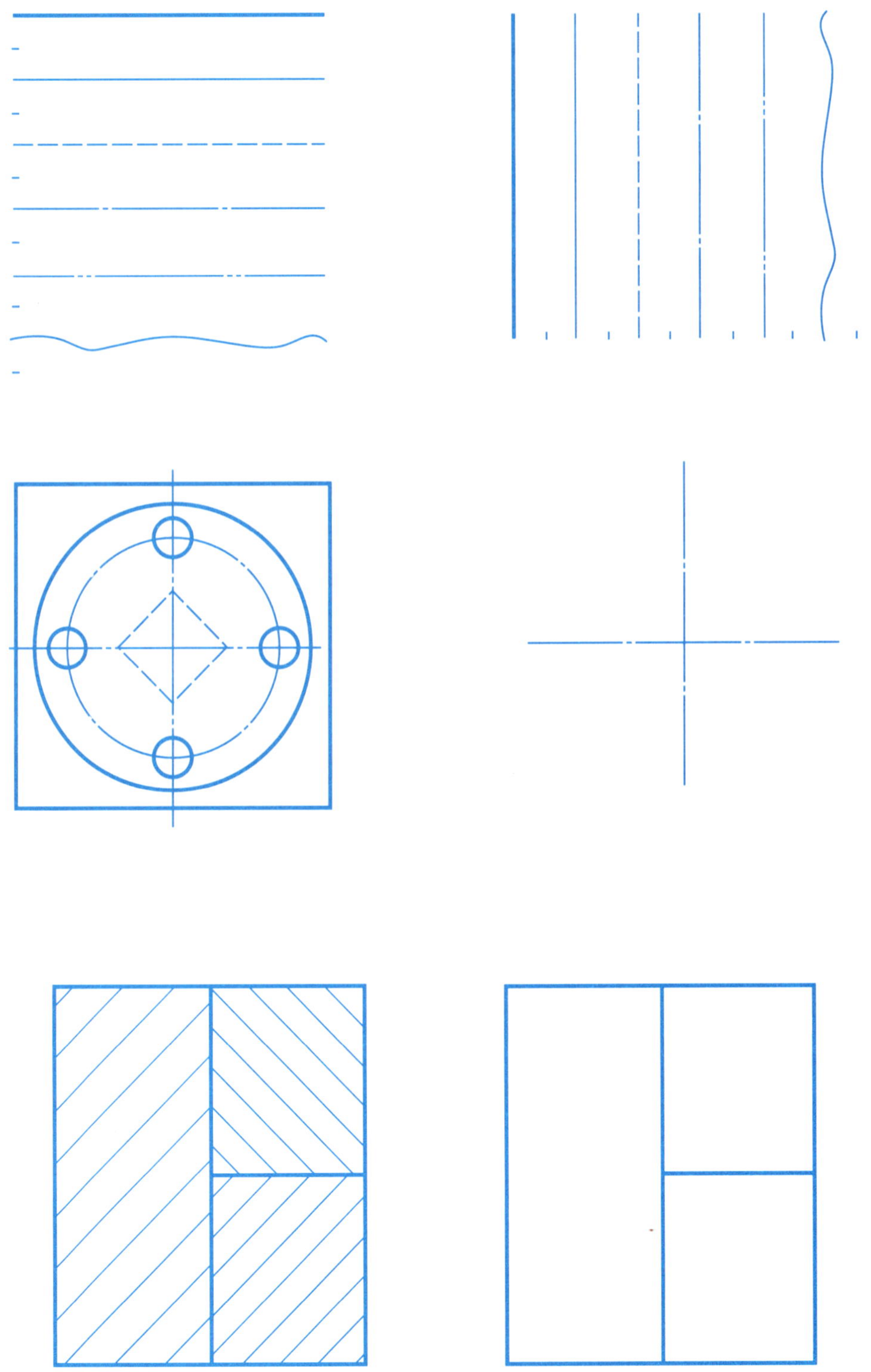

1-3　根据图样所给的尺寸，在指定位置用 2∶1 的比例抄画出该图形，并标注尺寸。

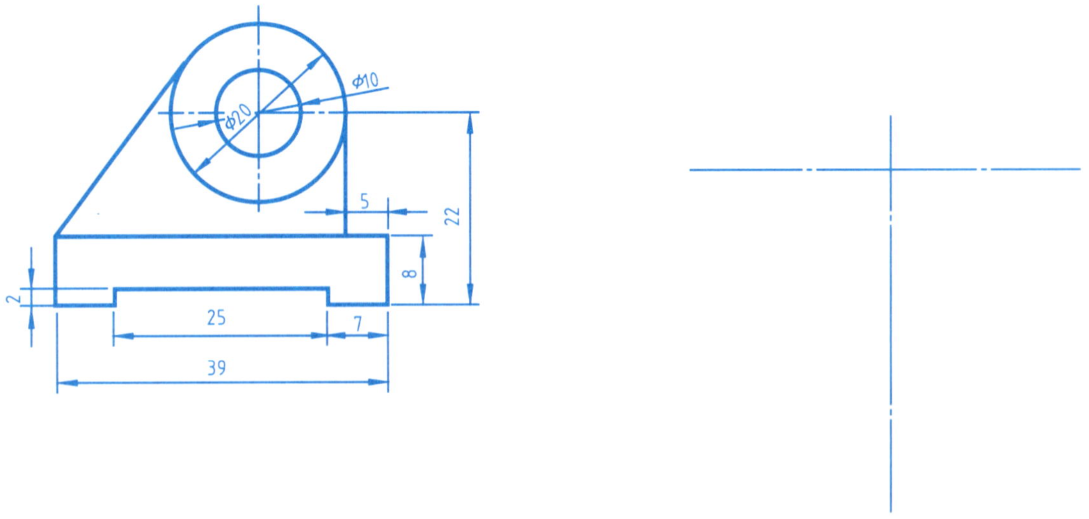

1-4　检查左边图形中尺寸标注的错误，在右面图形中重新进行正确标注。

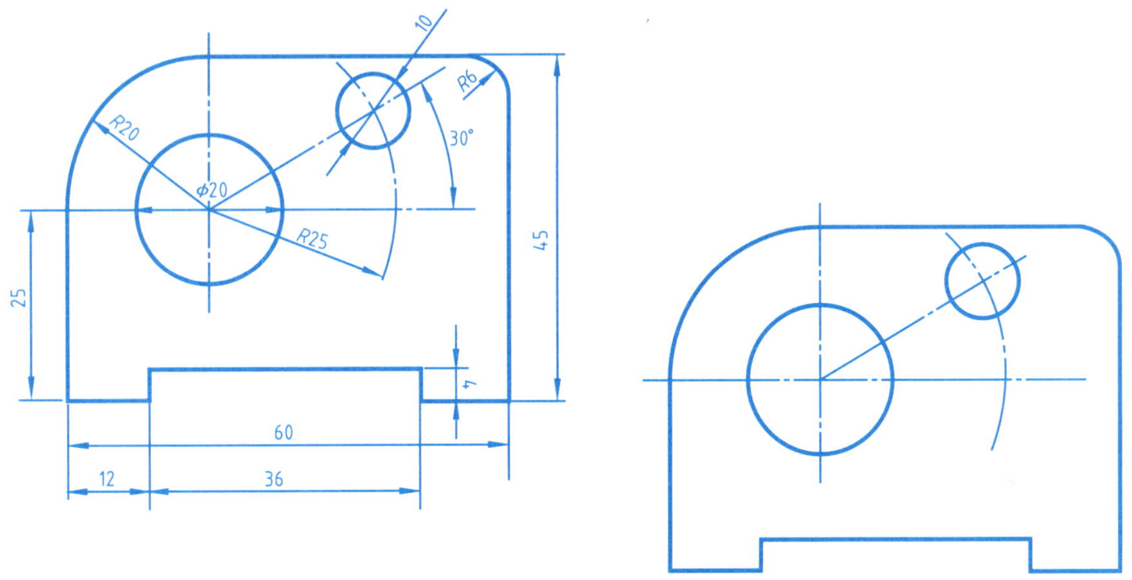

1-5　参照小图所示图形及尺寸，以 1∶1 比例在所示位置补画给定图形。

（1）

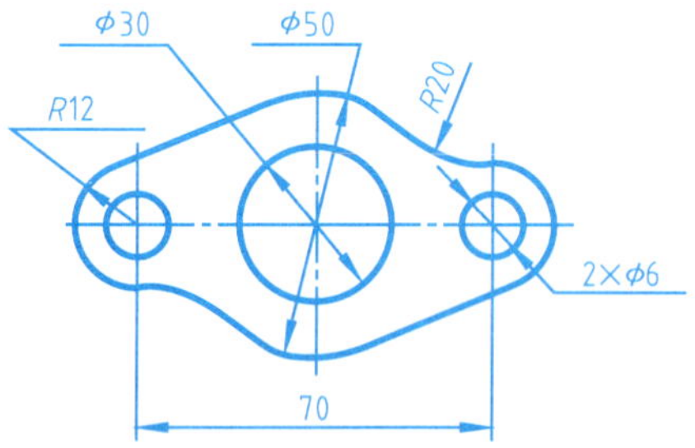

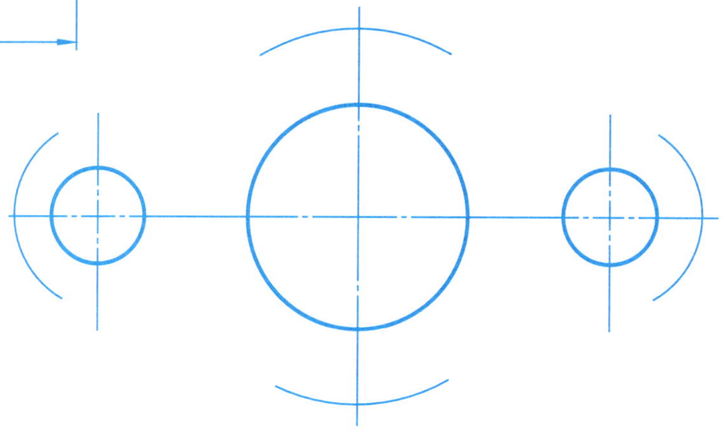

（2）

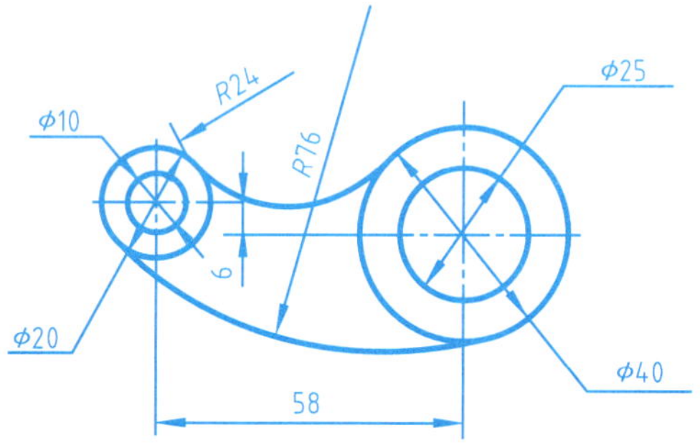

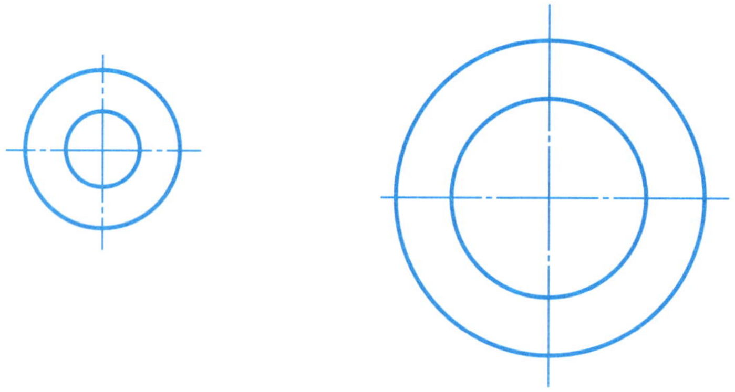

1-6　用下述的比例抄画下列图形。

（1）斜度：用 1∶5 的比例在指定位置抄画下图。

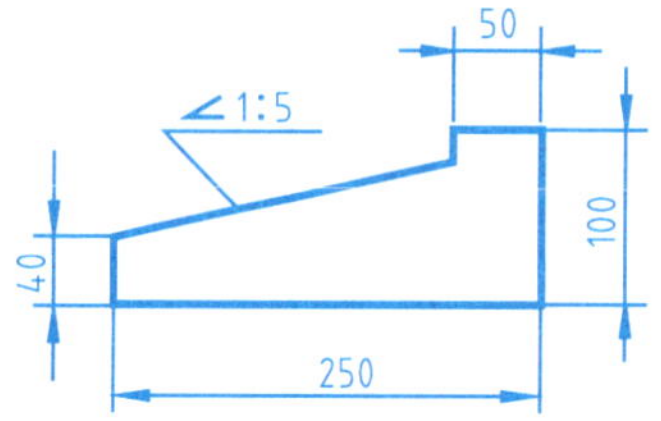

（2）锥度：用 1∶2 的比例在指定位置抄画下图，并标注尺寸。

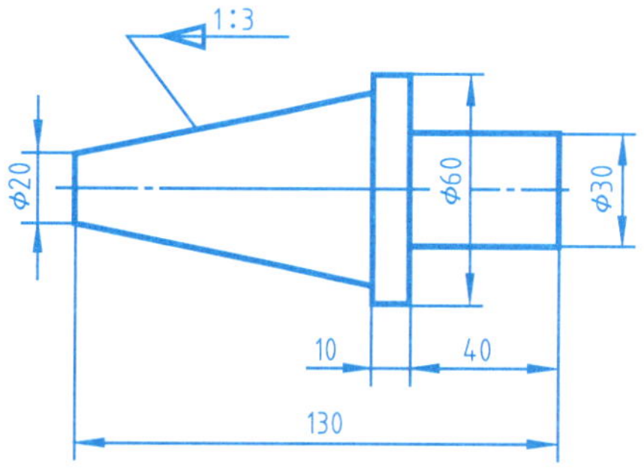

1-7　仪器图练习

作 业 指 导

一、作业目的、内容与要求

1. 目的：掌握国家标准《机械制图》有关内容，学会绘图仪器和工具的使用方法。
2. 内容：抄画零件轮廓（任选一个图形），并标注尺寸。
3. 要求：合理布图，线型符合国标，字体工整，连接光滑，图面整洁。

二、图名、图幅、比例

1. 图名：基本练习。
2. 图幅：A3 图纸。
3. 比例：1∶1。

三、绘图步骤

1. 绘图前应对所画图形仔细研究，以确定正确的作图步骤。
2. 固定图纸，按 A3 图幅的标准格式画出图框线及标题栏。
3. 合理布局图形位置，在布图时还应考虑预留标注尺寸的位置，画出作图基准线。
4. 打底稿，用轻、细的线完成图形轮廓线。
5. 完成底稿后，经仔细校核方可加深。

四、注意事项

1. 加深时先圆弧后直线，圆规的铅芯应比直线铅芯软一号，加深后应达到线型分明、浓淡一致、相切光滑。

2. 线型：粗实线宽度为 0.5～0.7mm，虚线长度约 4～5mm，间隙约 1mm，点画线长度约 15～25mm，间隙及点共约 3mm。

3. 字体：图中汉字均为长仿宋体，标题栏内图名写 10 号字，校名及图号写 7 号字，姓名写在制图内，学号写在相应栏内，都用 5 号字，图中尺寸数字写 3.5 号字。

4. 箭头：箭头宽度 0.5～0.7mm，长度为宽的 6 倍。

(1)

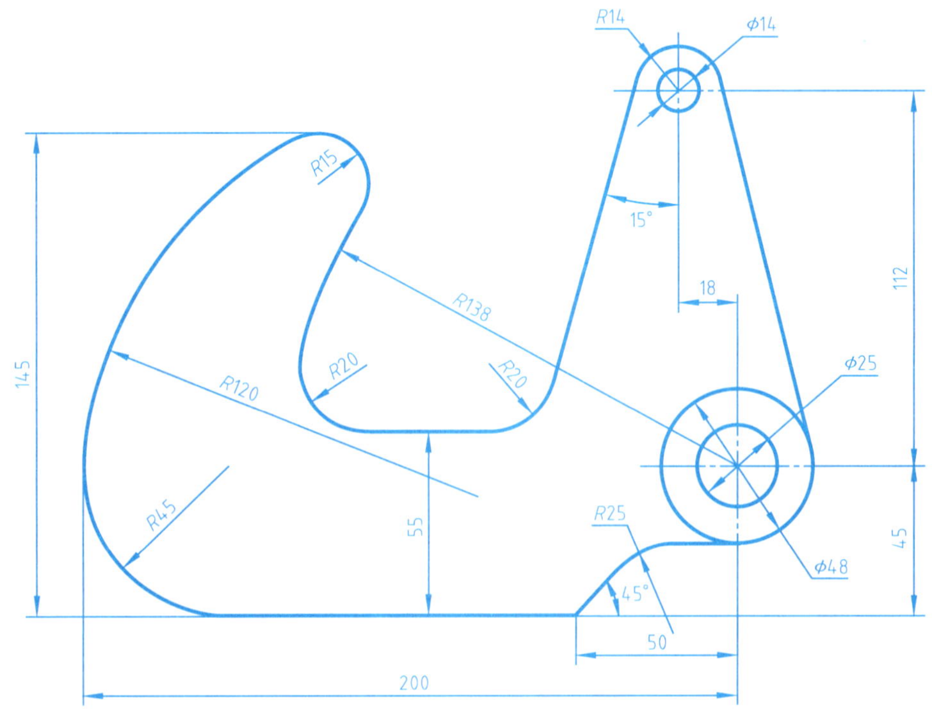

(2)

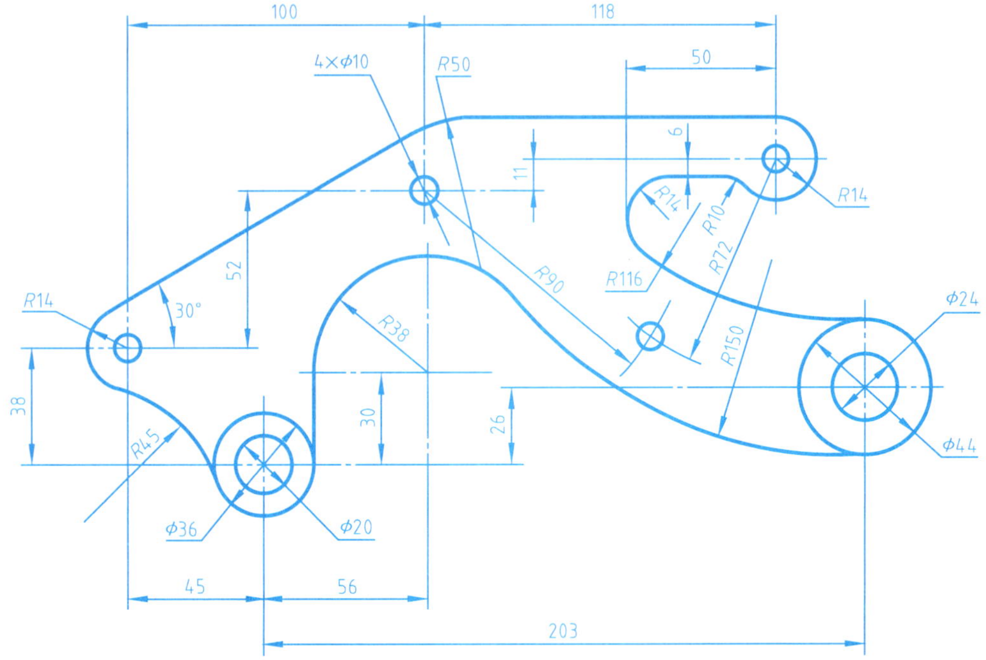

1-8　在右边方格纸上用 1∶1 比例徒手绘制下列图形。

1.

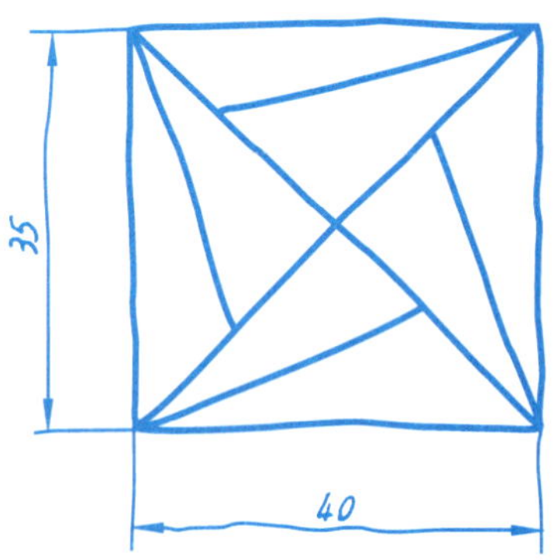

2.

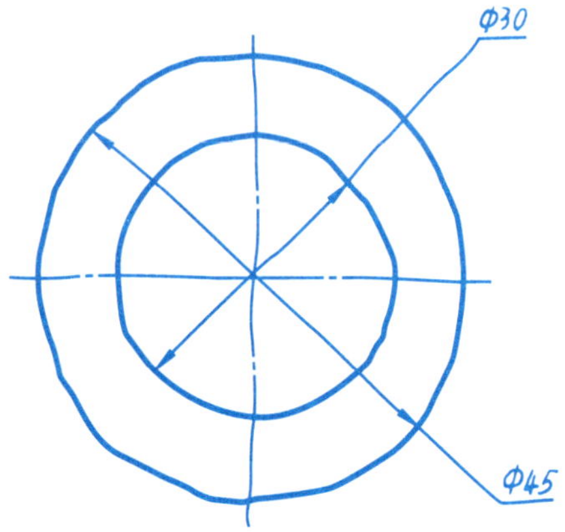

3.

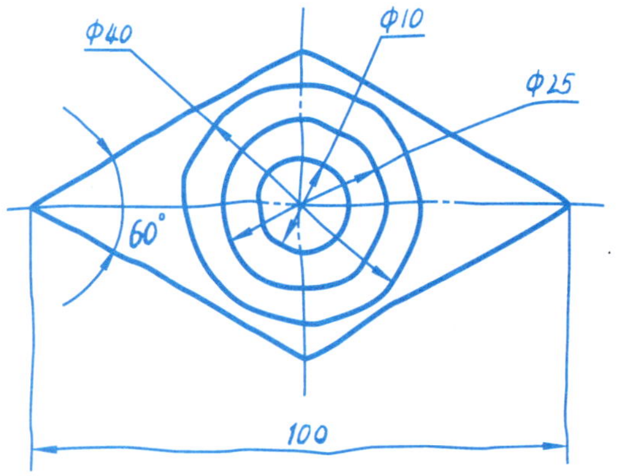

4.

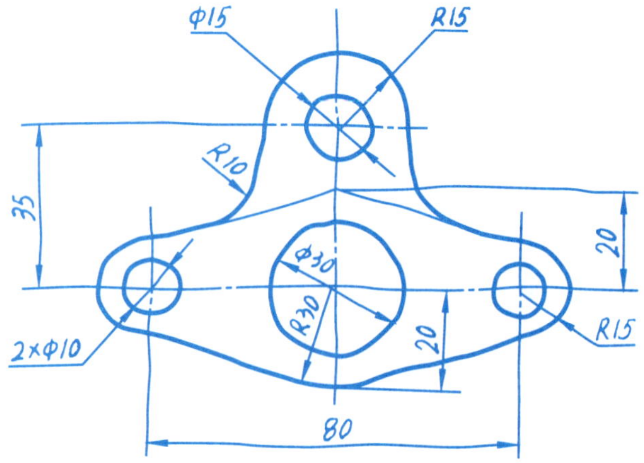

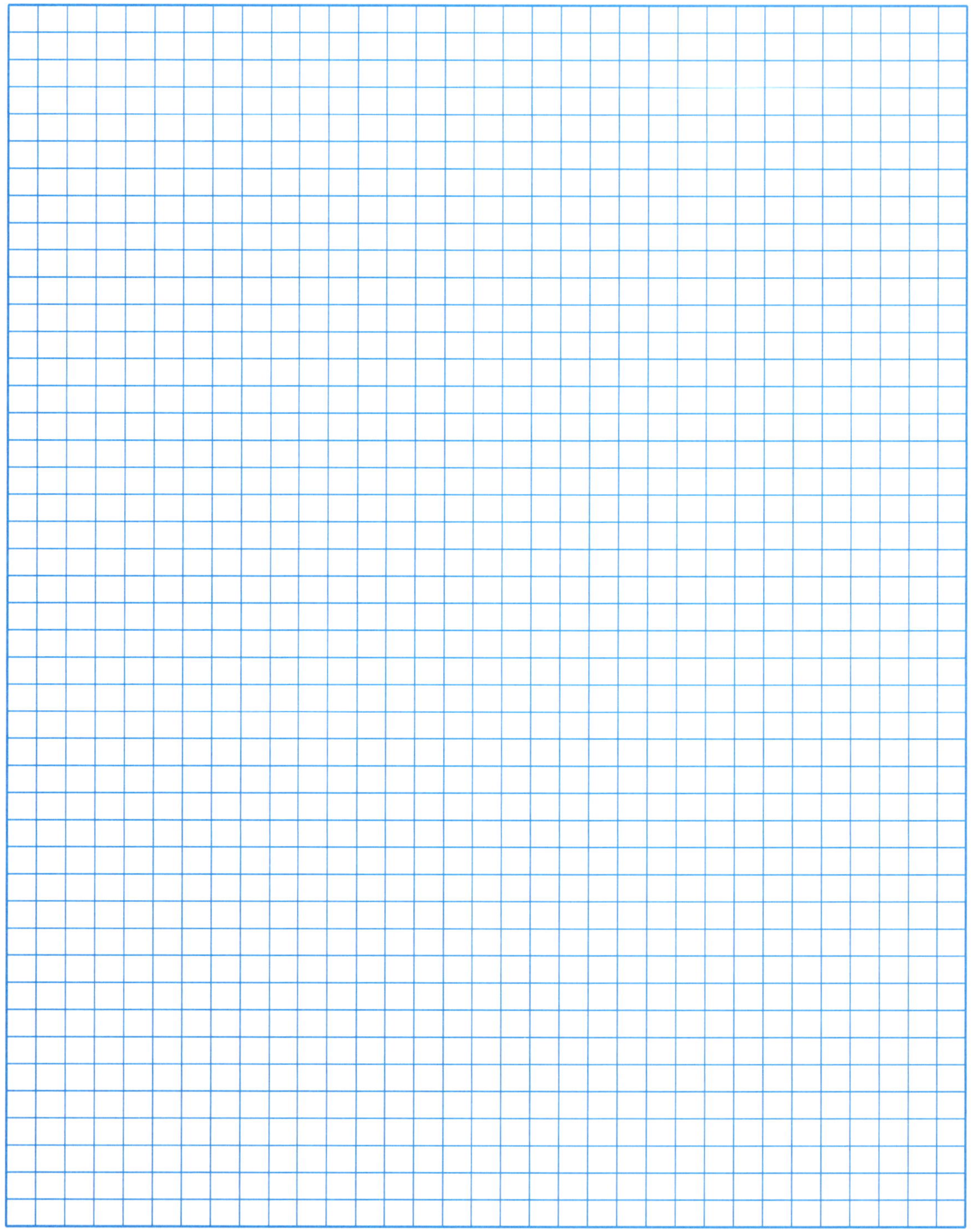

点的投影

2-1　按照立体图作出各点的三面投影（坐标数值由立体图按 1∶1 量取）。

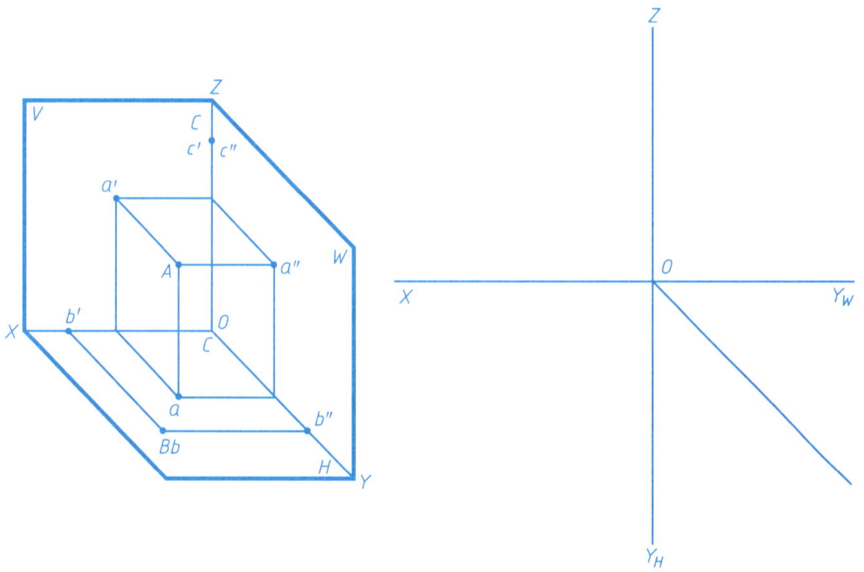

2-2　已知特殊位置点的两面投影，求出其第三面投影，并在括号内填写其空间位置。

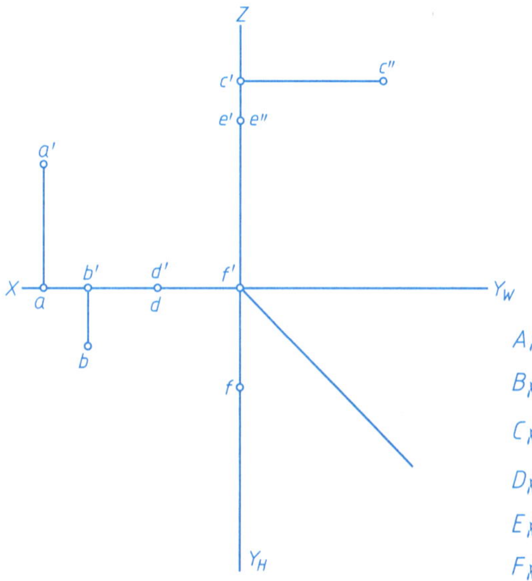

A点（V 面）
B点（　　）
C点（　　）
D点（　　）
E点（　　）
F点（　　）

2-3　已知下列各点的坐标，画出其三面投影。
（1）A（20，20，10）　（2）B（0，10，20）

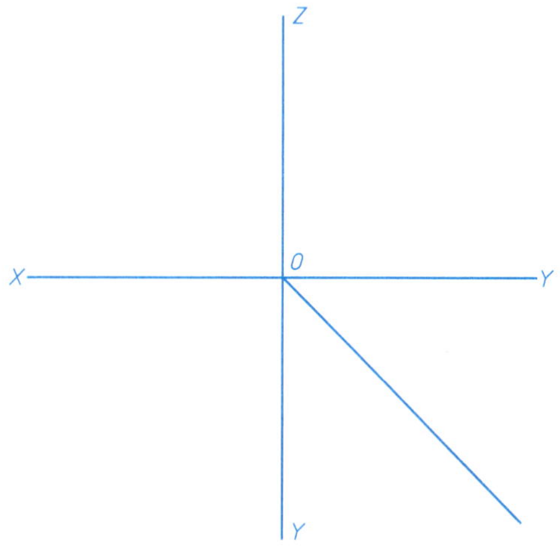

2-4　已知下列各点的两面投影，求其第三面投影。

（1）

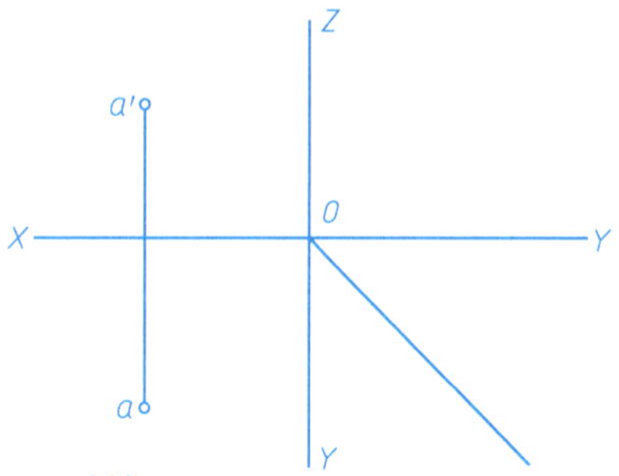

（2）

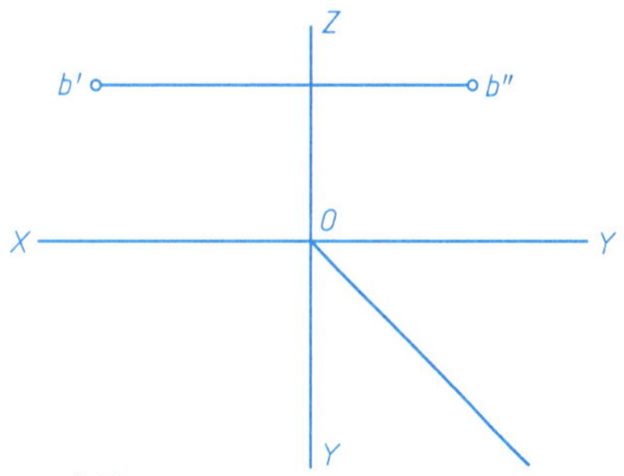

（3）

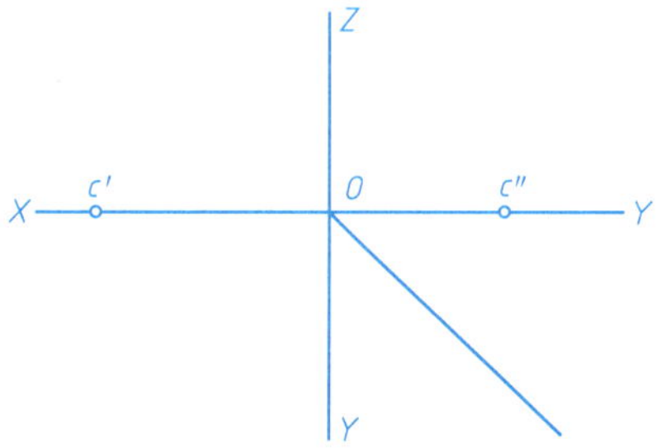

（4）

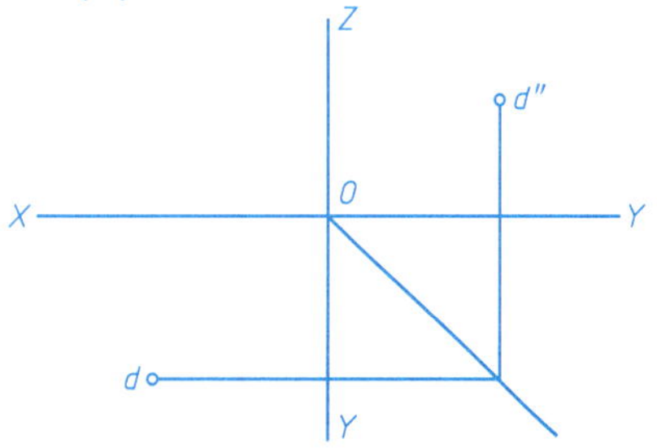

2-5　判断 A、B 两点的相对位置。

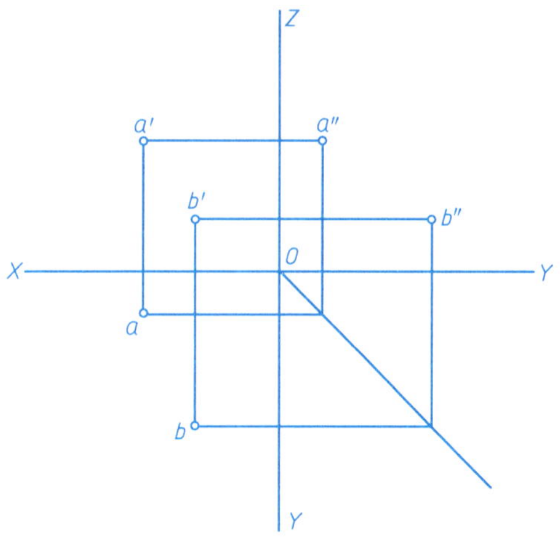

点 A 在点 B 的______、______、______方。

2-6　已知点 A 的三面投影，点 B 在点 A 的右方 20mm、前方 10mm、上方 10mm，点 C 在点 A 的正前方 15mm，求作点 B、C 的三面投影。

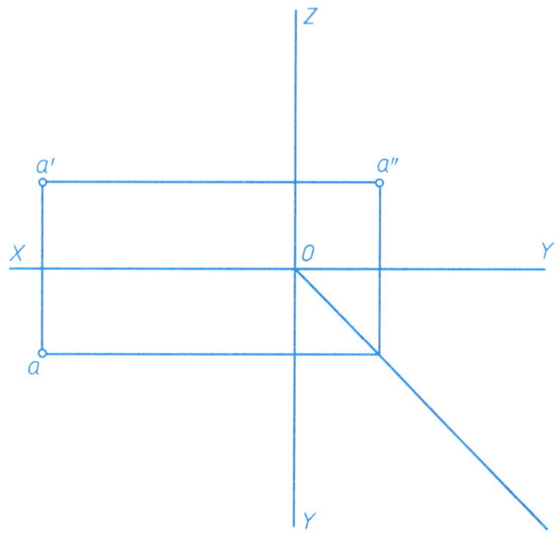

直线的投影

2-7　判断下列直线对投影面的相对位置，写出其名称，并画出它们的第三面投影。

（1）

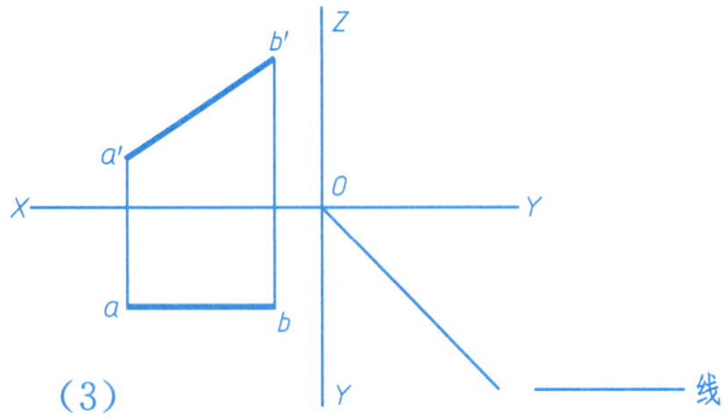

（2）

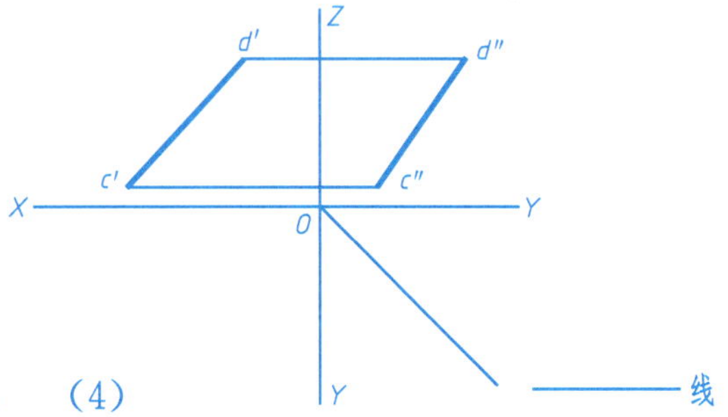

（3）

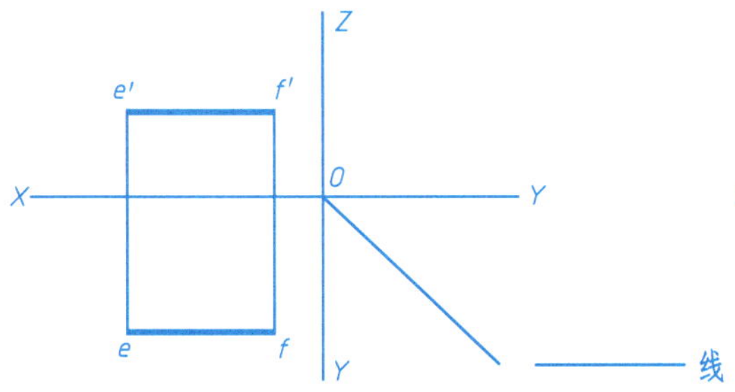

（4）

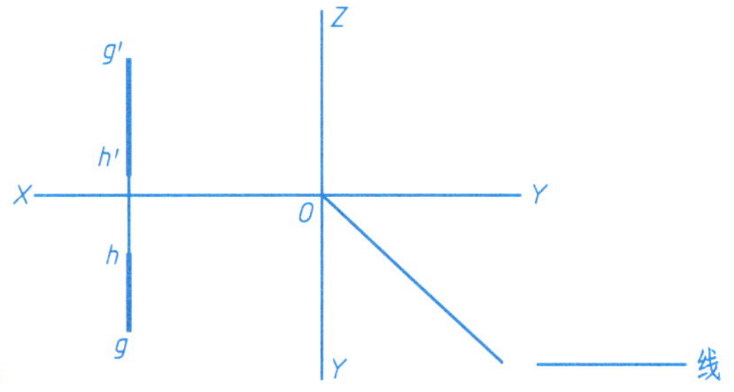

2-8　已知直线两端点坐标 A(30，5，5)，B(10，20，25)，画出直线的三面投影。

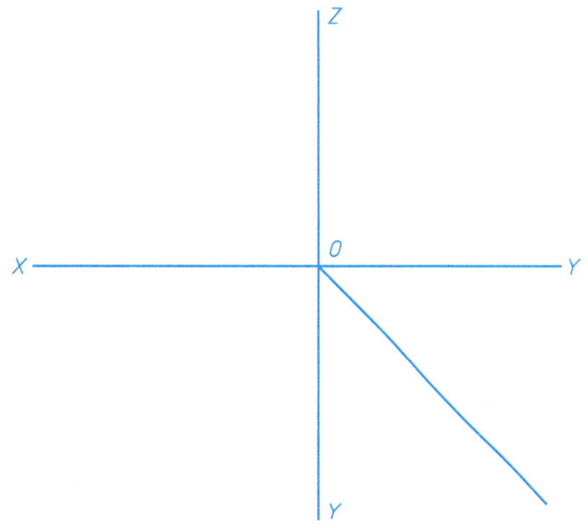

2-9　已知直线 AB 与 H 面的倾角 $\alpha = 30°$，B 点在 H 面上，A 点在 B 点上方，用直角三角形法完成直线的 V、W 面投影。

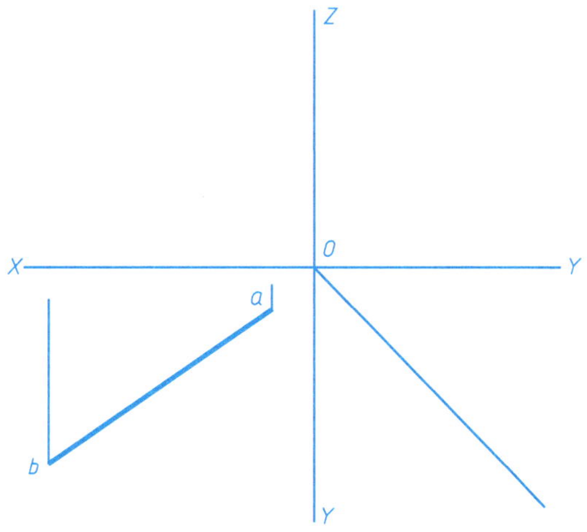

2-10　点 K 在直线 AB 上，已知该点的一个投影，求作其余投影。

（1）

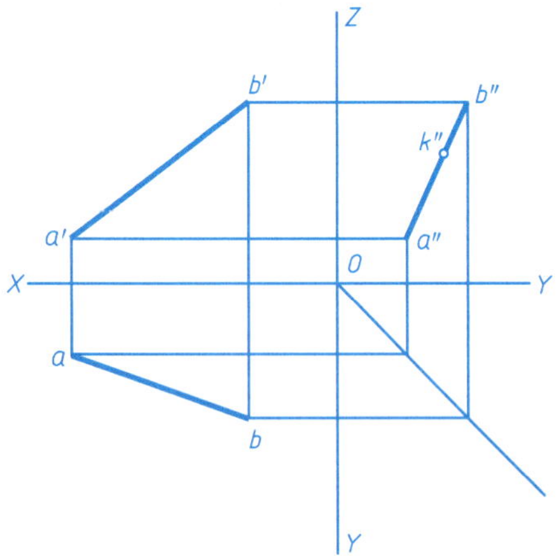

（2）

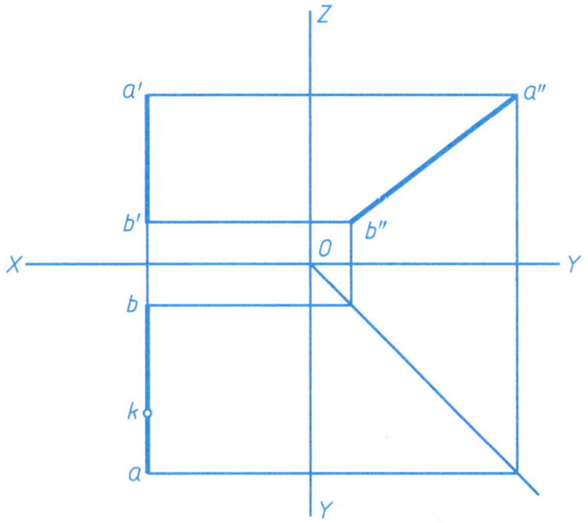

2-11　在 AB 上求一点 K，使点 K 到 H、V 面的距离相等，完成其三面投影。

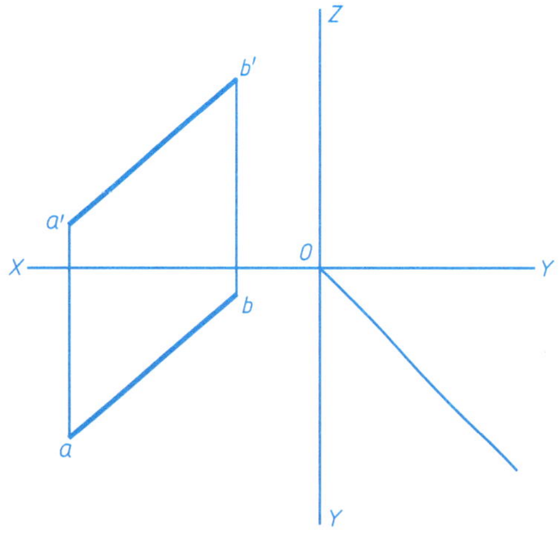

2-12　已知 A、B、C 三点在一条直线上，作该直线的两面投影。

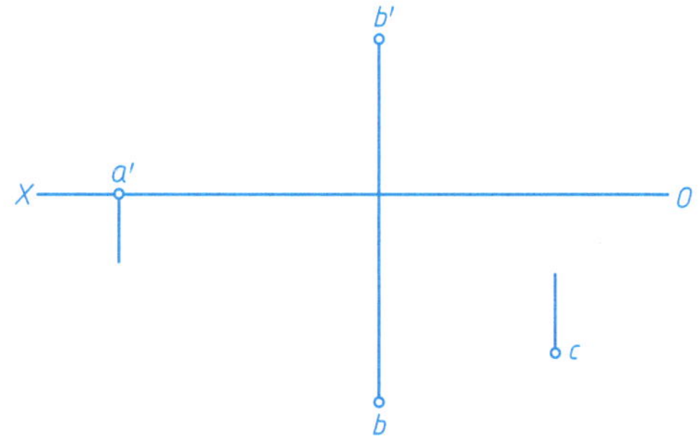

直线的投影

2-13　判别直线 *AB* 和 *CD* 的相对位置（平行、相交、交叉）。

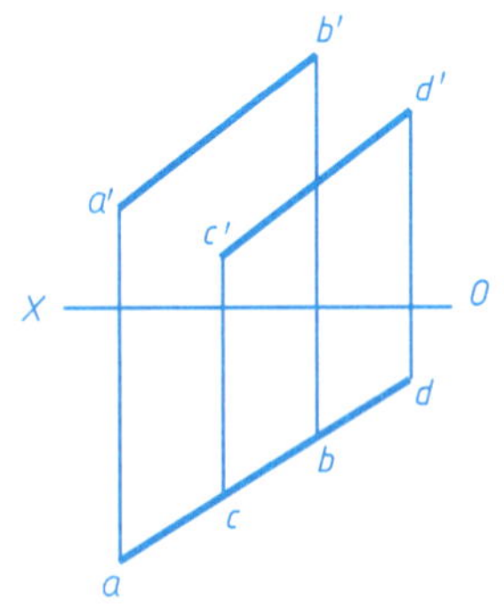

______

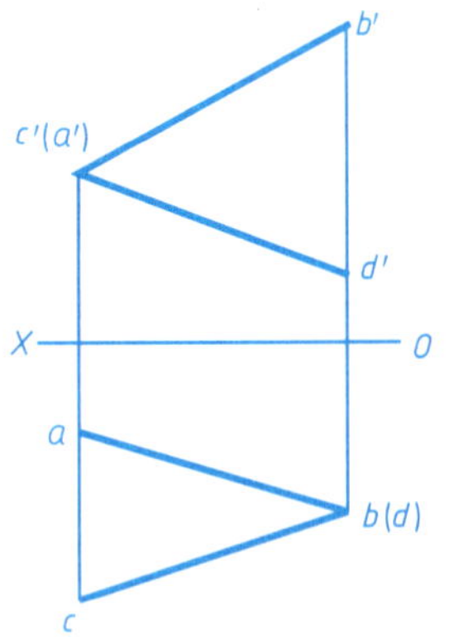

______

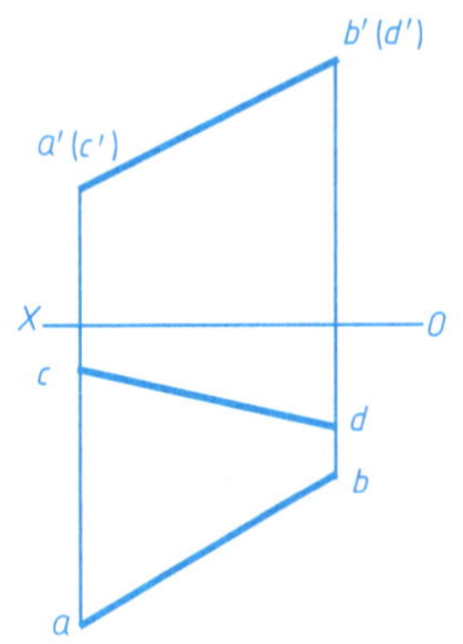

______

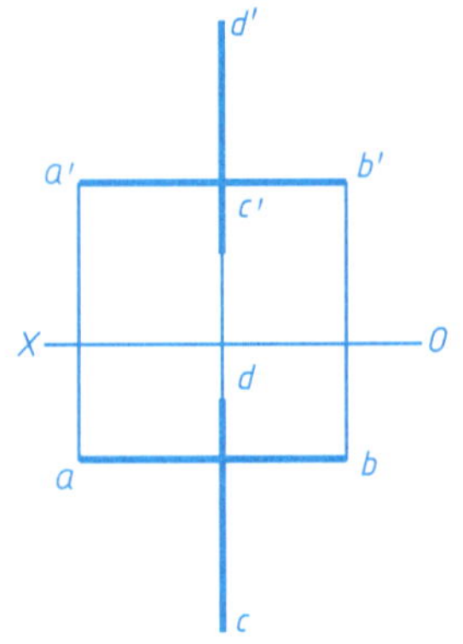

______

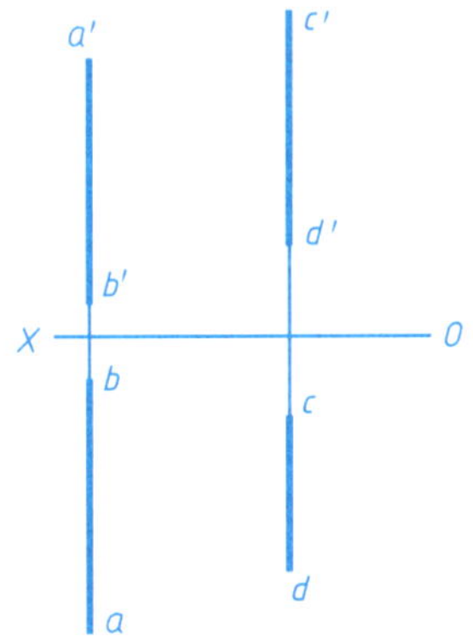

______

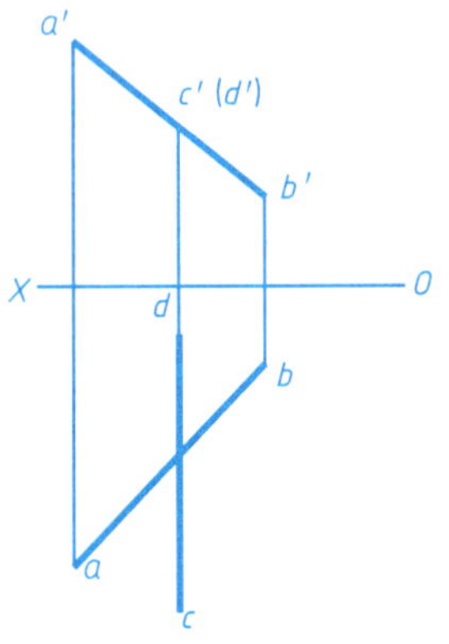

______

2-14　过点 *K* 作直线 *KG*，点 *G* 在 *Z* 轴上，并与直线 *AB* 相交，完成该直线的三面投影。

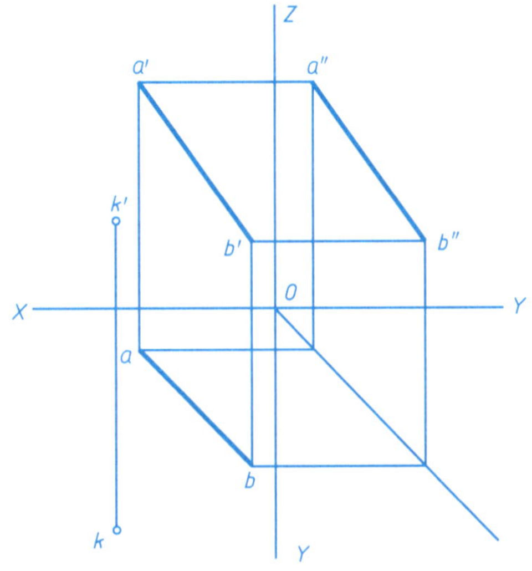

2-15　作一直线 *L*，与直线 *AB*、*GH* 相交，并与直线 *MN* 平行。

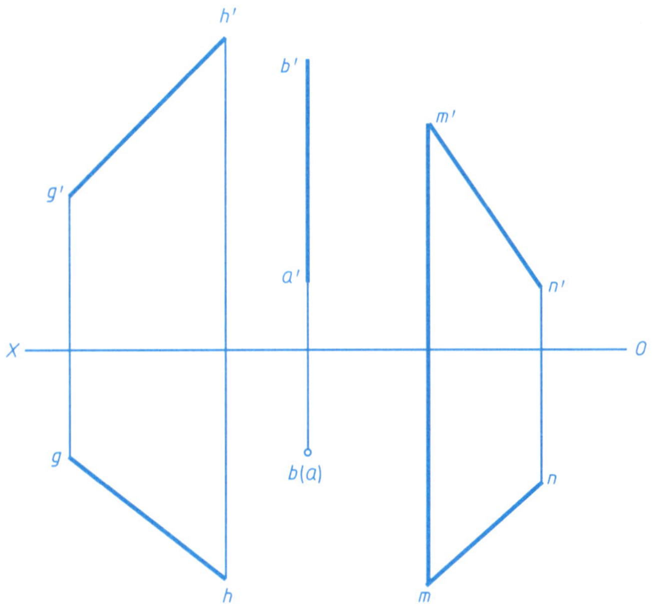

2-16　过点 *M* 作 *MN* 与 *AB* 垂直相交，并求 *MN* 的实长（点 *N* 为垂足）。

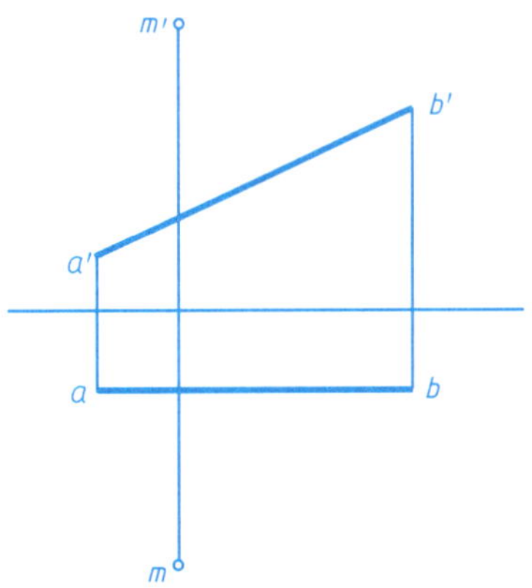

2-17　作交叉二直线 *AB*、*CD* 的公垂线。

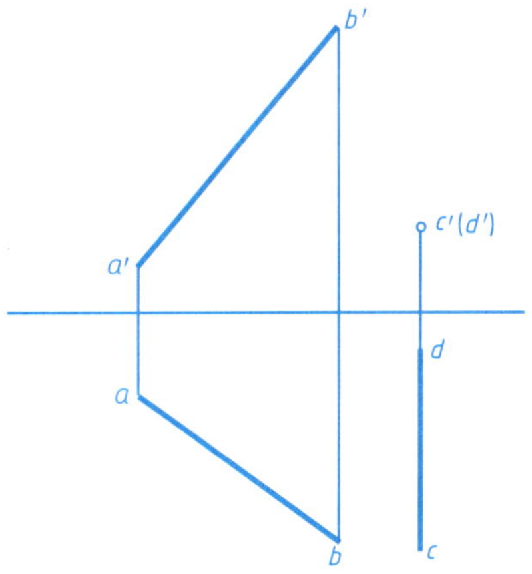

平面的投影

2-18　补画平面的第三面投影，并填空。

（1）

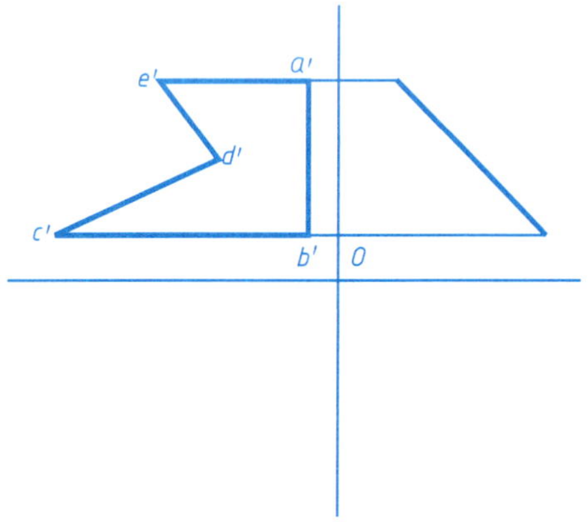

ABCDE是＿＿＿＿＿＿面

AB是＿＿＿＿＿＿线

BC是＿＿＿＿＿＿线

CD是＿＿＿＿＿＿线

（2）

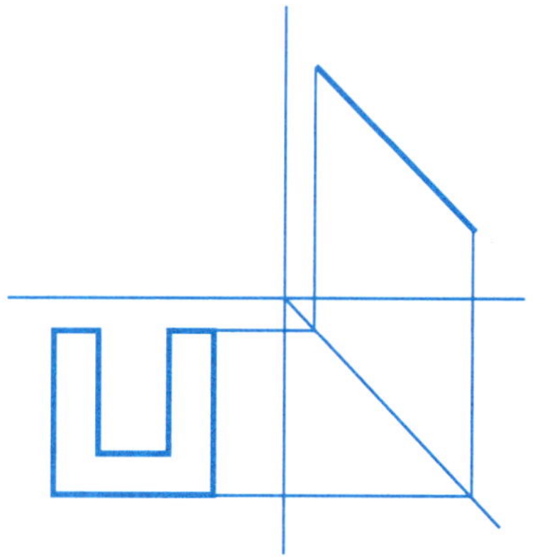

＿＿＿＿＿＿面

（3）

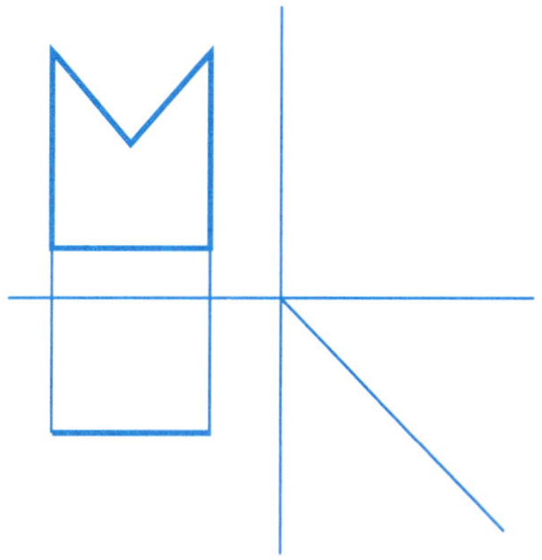

＿＿＿＿＿＿面

（4）

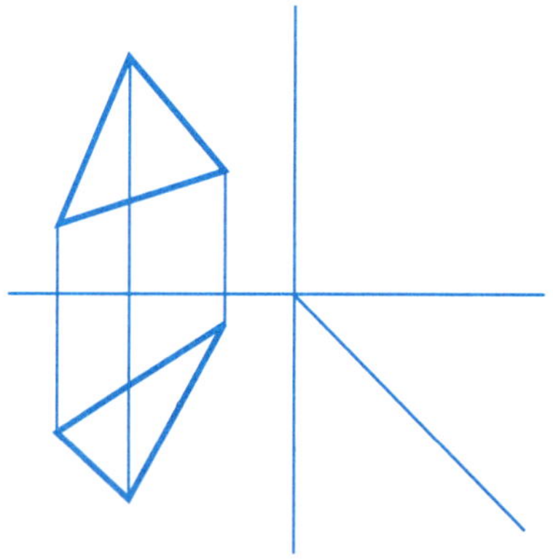

＿＿＿＿＿＿面

2-19　已知平面内点 K 的一个投影，求它的另一个投影。

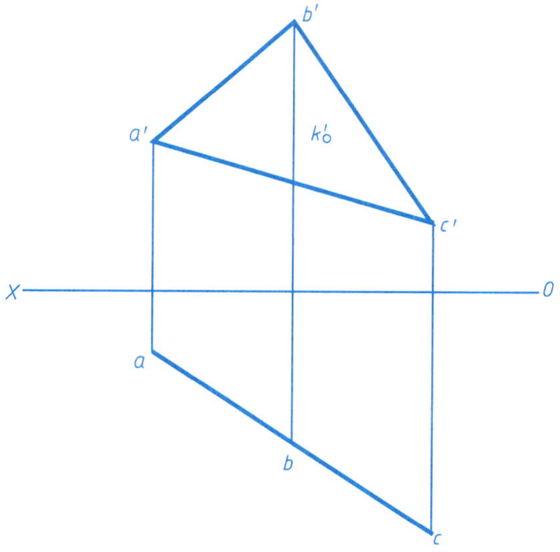

2-20　在平面 ABC 内取一点 K，使其距 V 面 20mm，距 H 面 30mm。

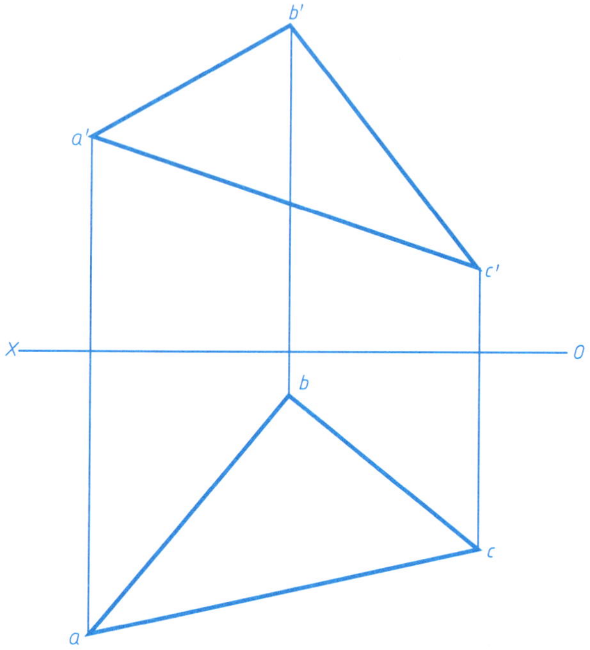

2-21　完成下列所示图形的水平投影。

（1）

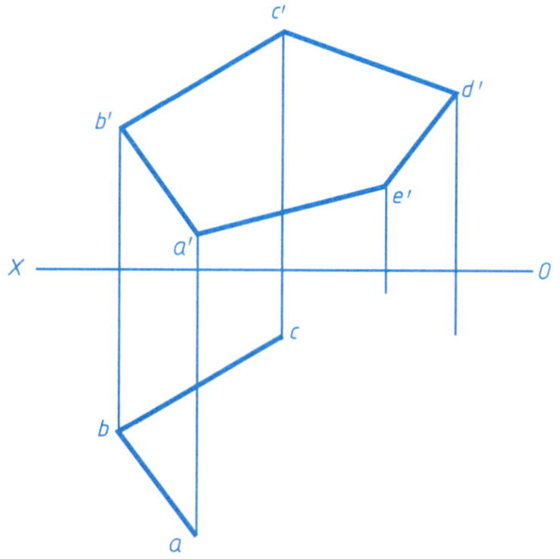

（2）

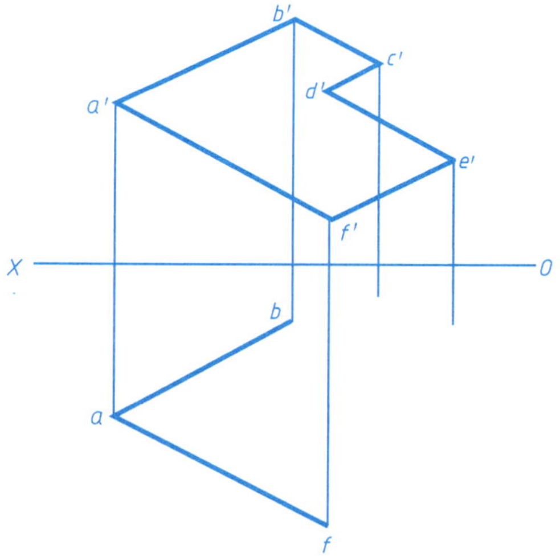

换面法

2-22　作出点 A 在 V_1 和 H_2 面上的新投影 a_1' 和 a_2。

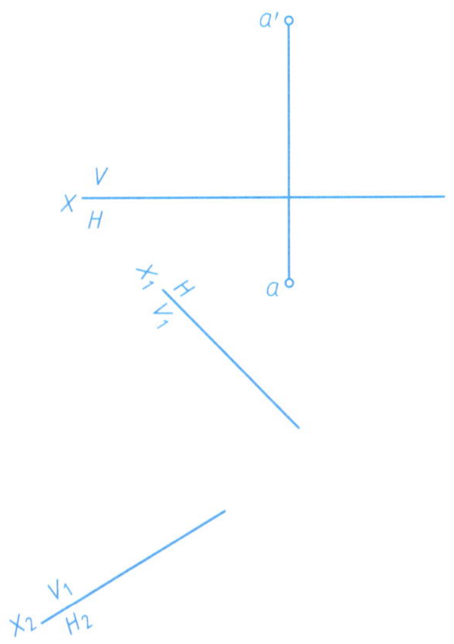

2-23　求出直线 AB 对 H、V 面的倾角 α、β 及实长。

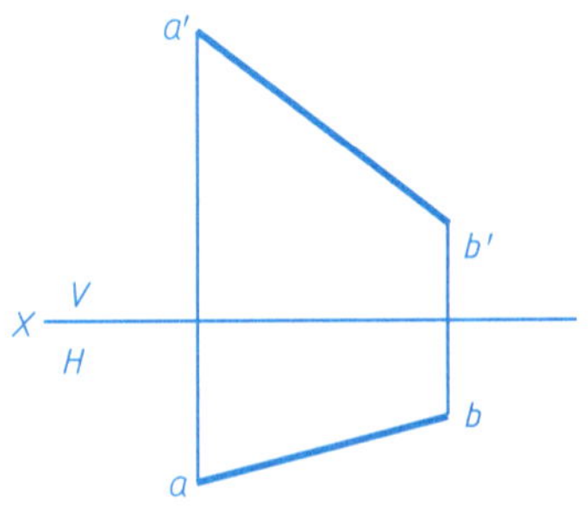

2-24　把直线 AB 变成新投影面的垂直线。

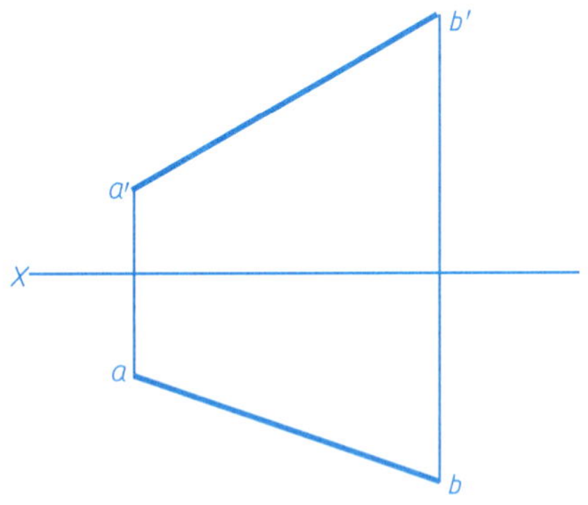

2-25　求△ABC 对 H 面的倾角 α 及实形。

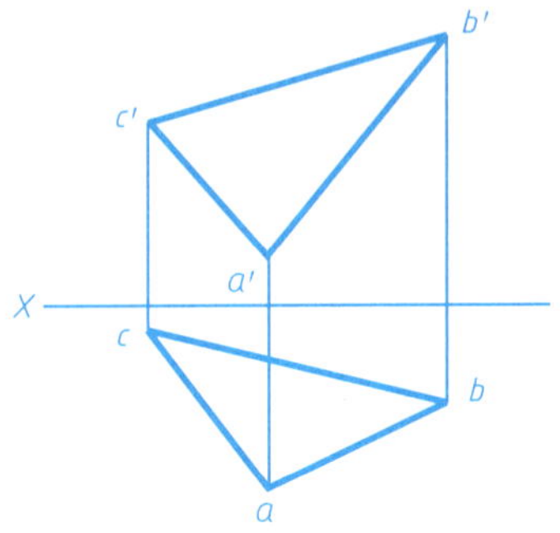

2-26　求点 K 到直线 AB 的距离，并作出垂线 KL（点 L 为垂足）的投影。

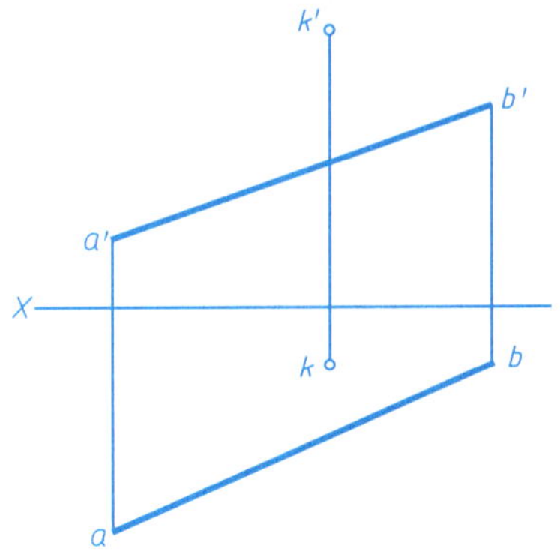

2-27　已知正方形 $ABCD$ 的一边为水平线，CD 在 AB 的前、上方，该平面的倾角 $\alpha=30°$，作出正方形的 V、H 面投影。

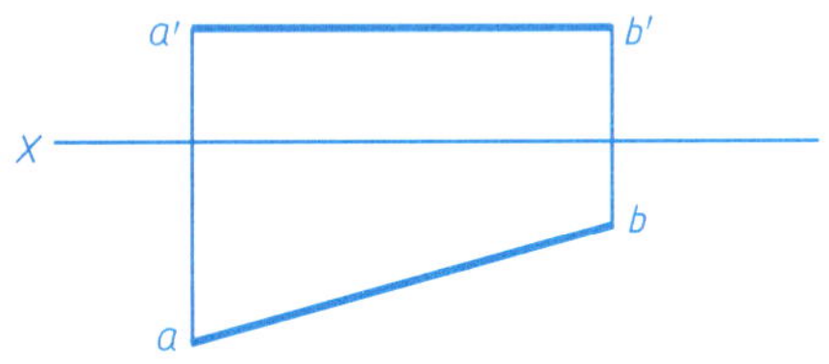

3-1　根据轴测图，补画三视图中缺漏的图线。

1.

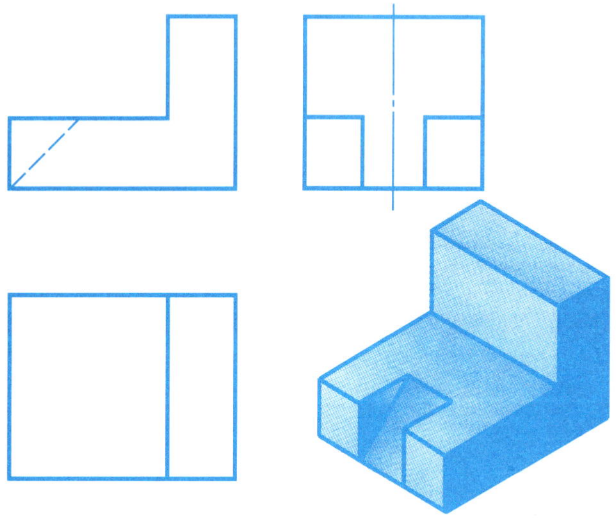

2.

3.

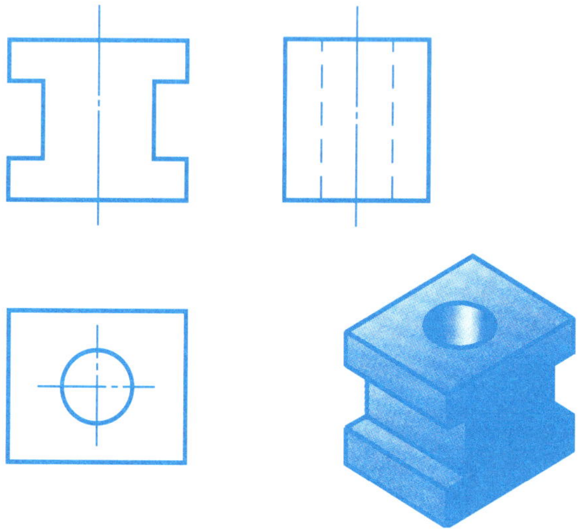

3-2　根据轴测图，补画第三视图。

1.

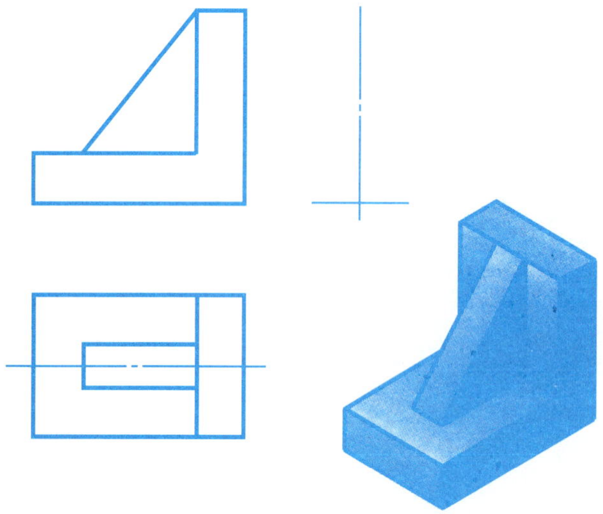

2.

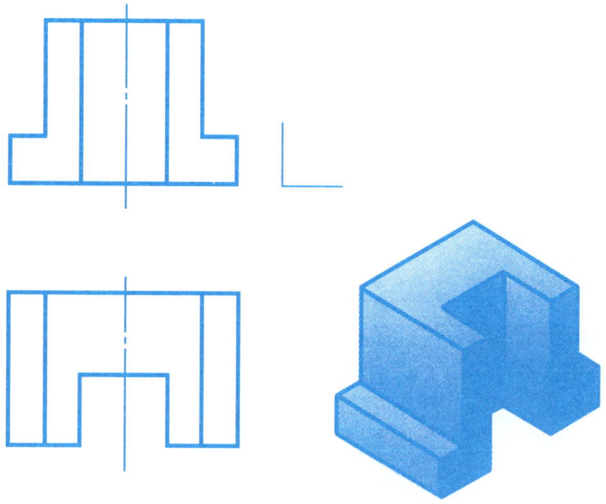

3.

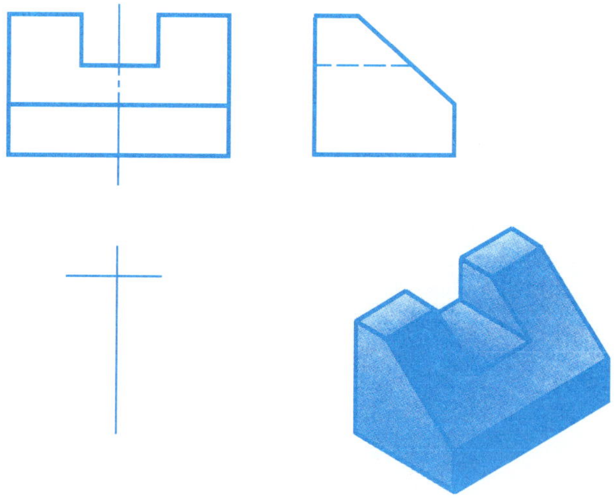

3-3　根据立体的两个视图，补画第三视图，并补全立体表面上各点的另外两面投影。

1.

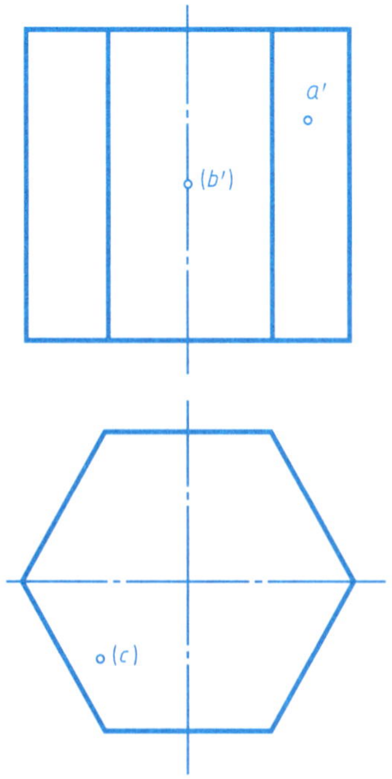

2.

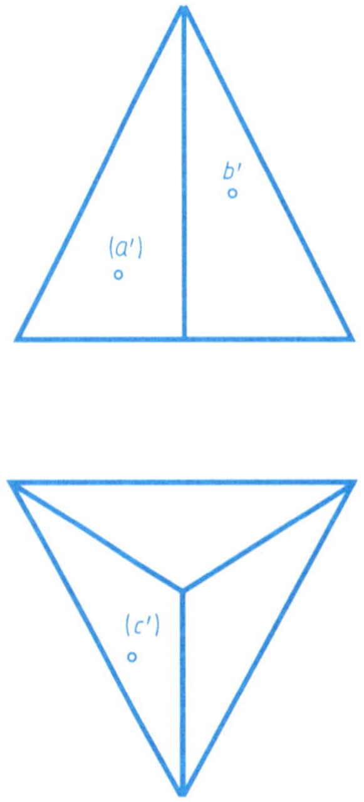

3.

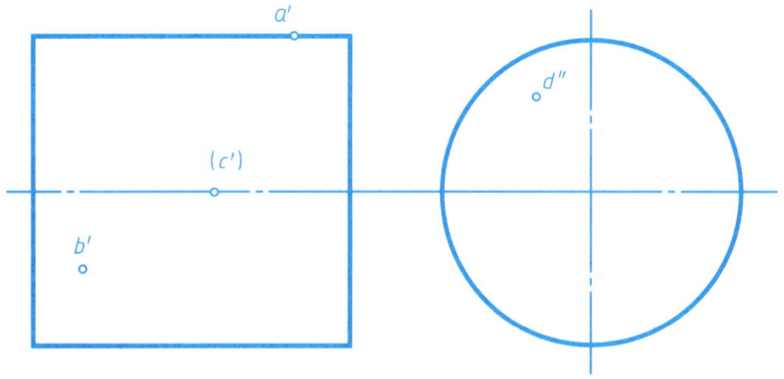

4.

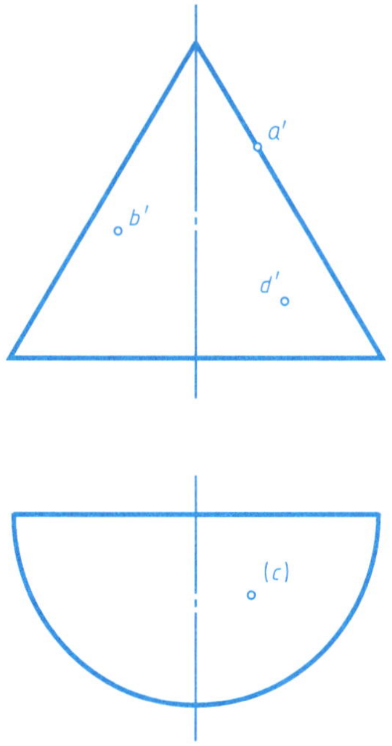

5.

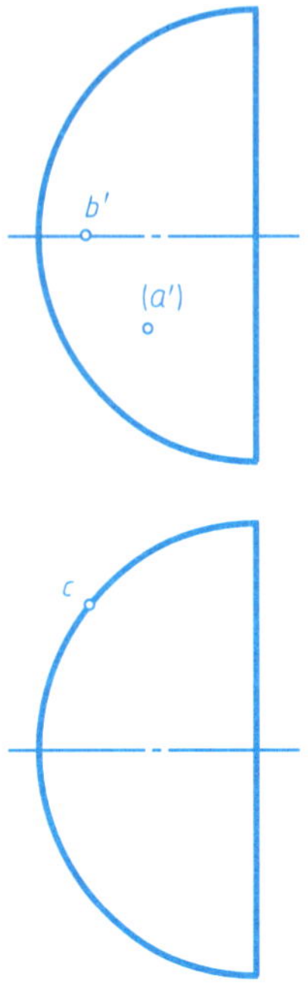

6.

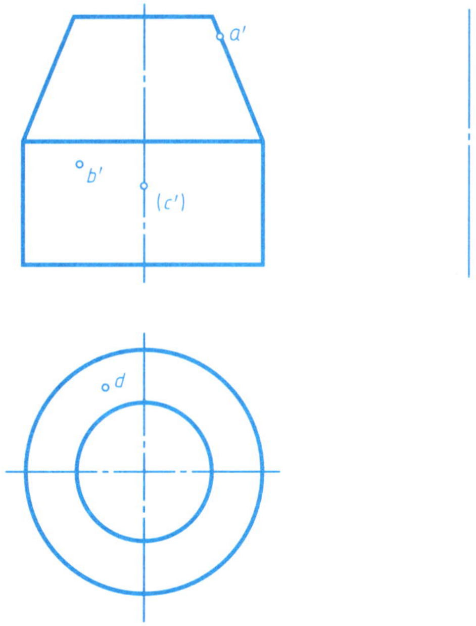

4-1　分析平面截切立体后的截交线，补全立体的三面投影。

1.

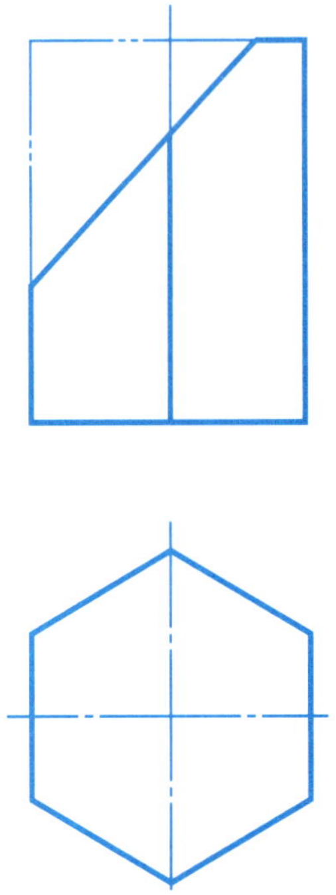

2.

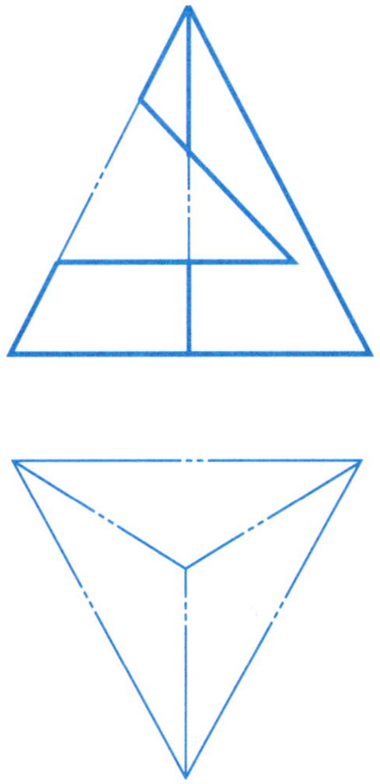

3.

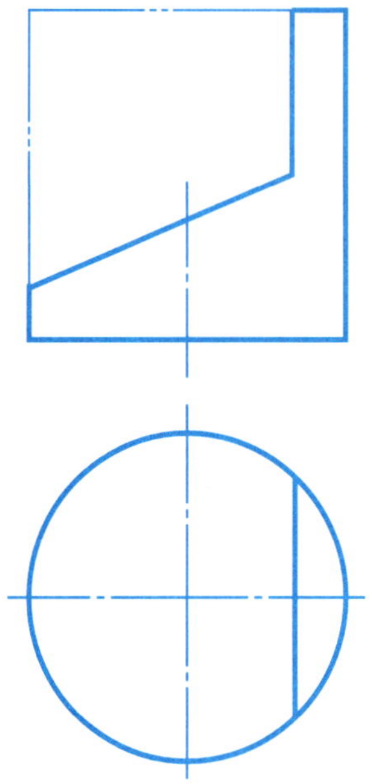

4.

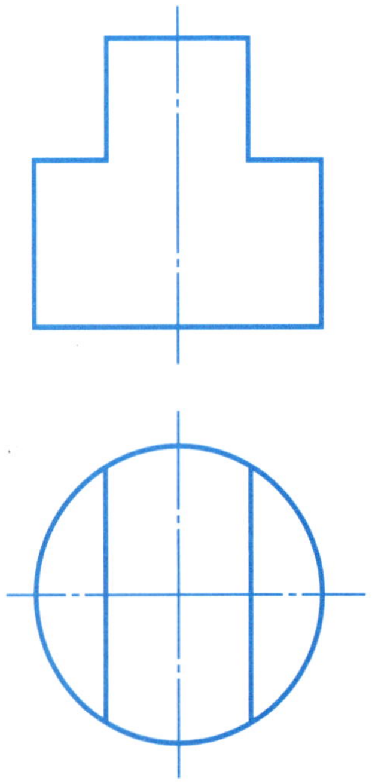

5.

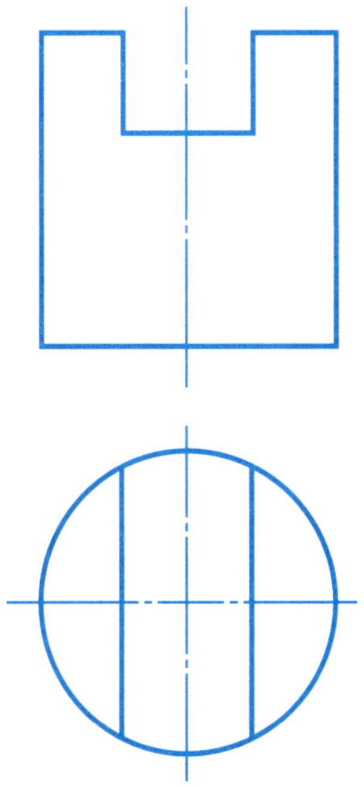

6.

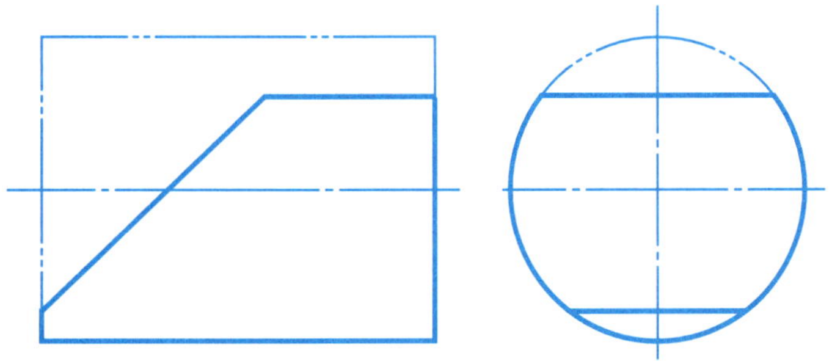

4-2　分析平面截切立体后的截交线，补全立体的三面投影。

1.

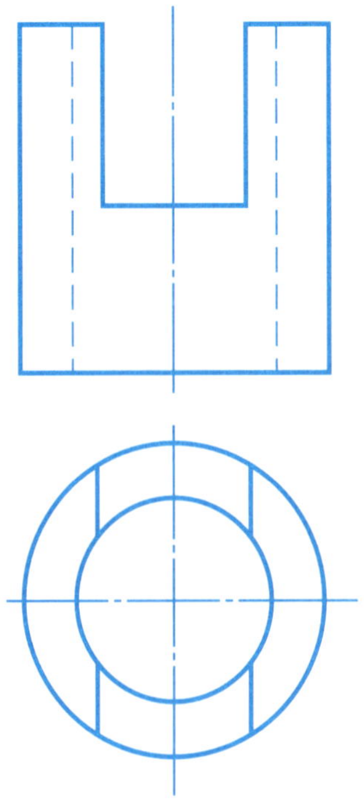

2.

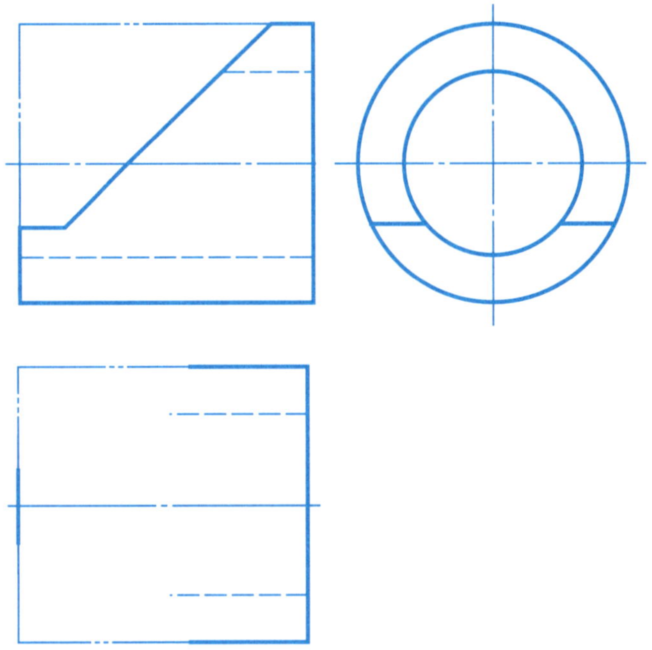

3.

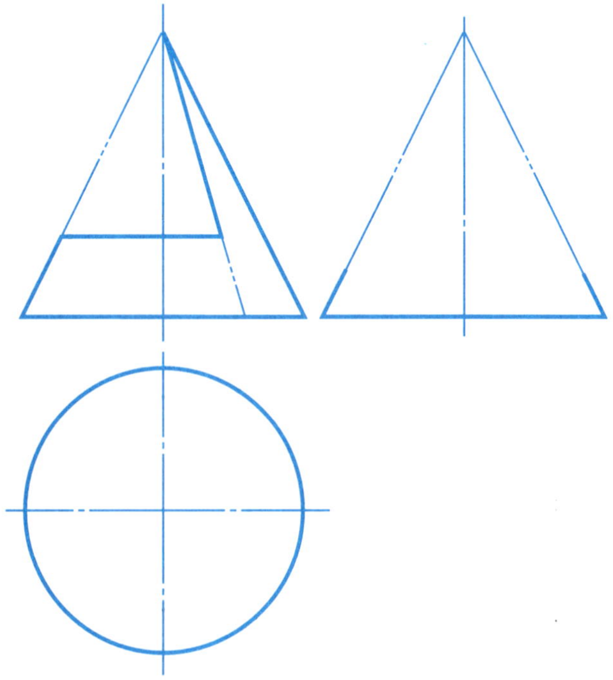

4.

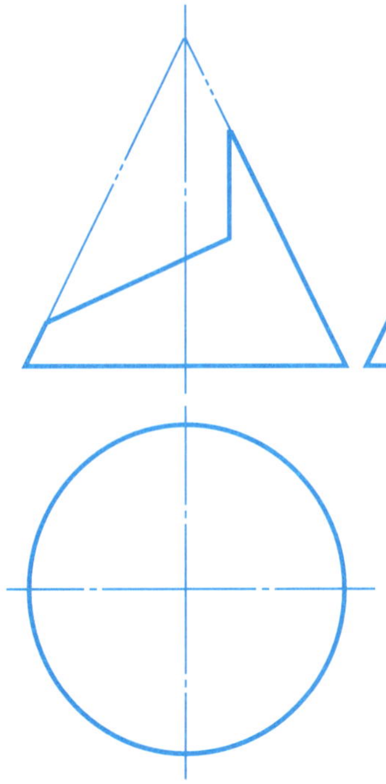

5.

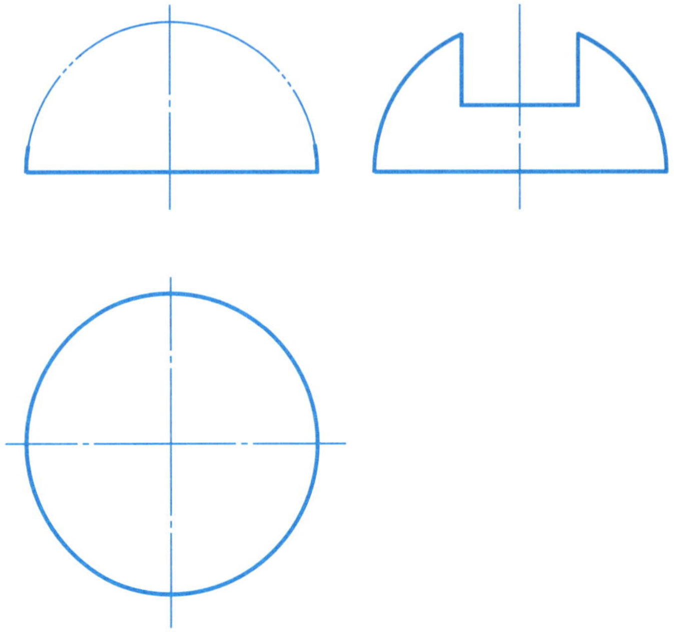

6.

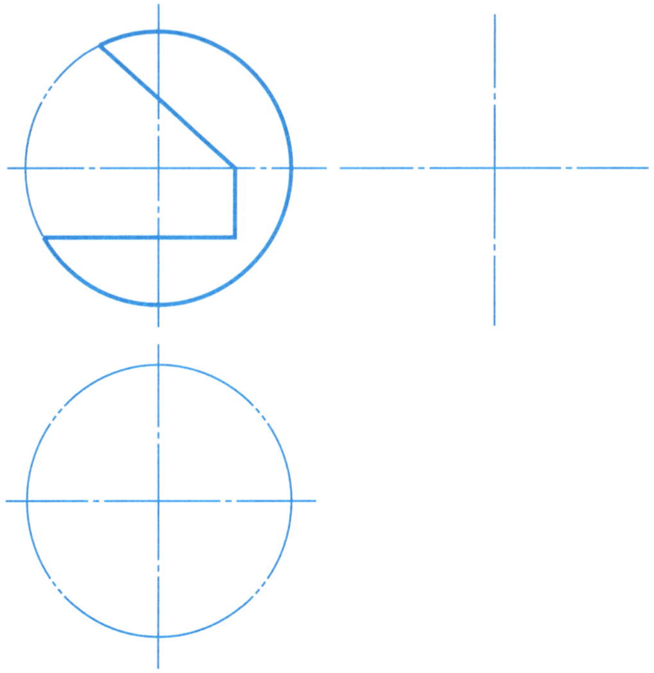

4-3　分析平面截切立体后的截交线，补全立体的三面投影。

1.

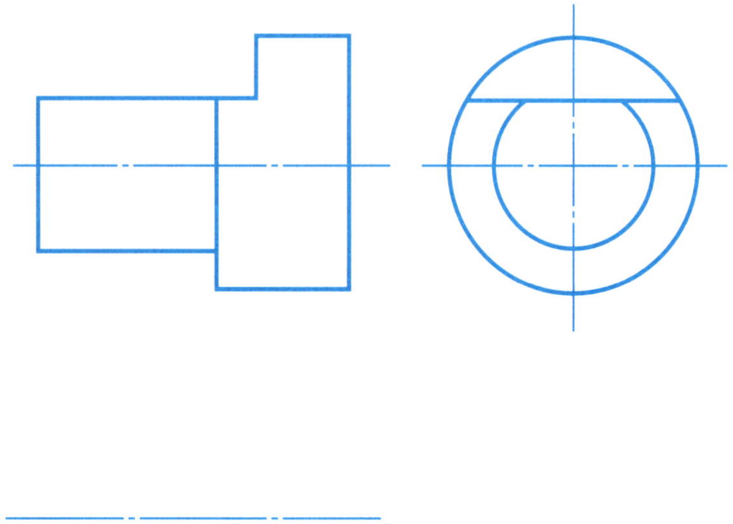

2.

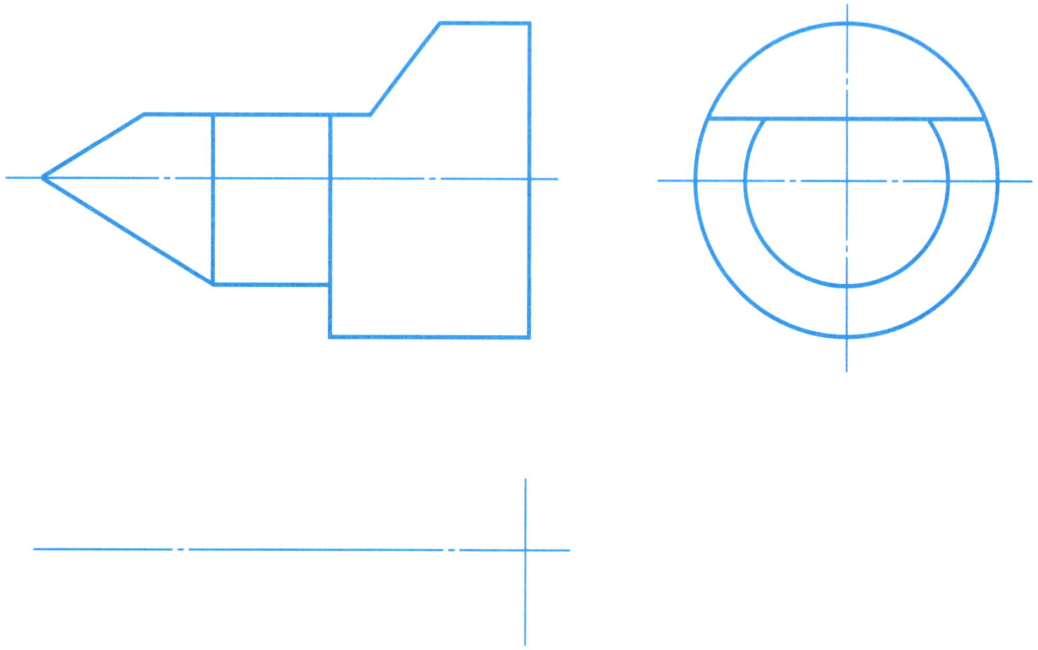

3.

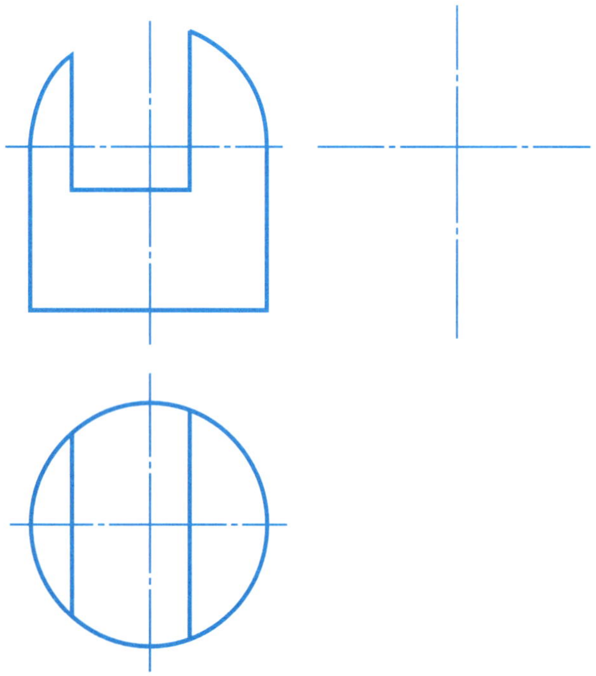

4.

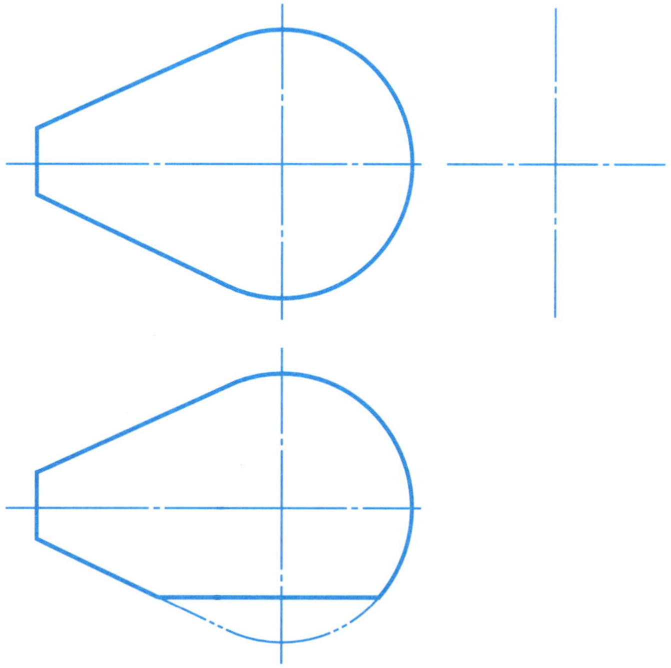

5.

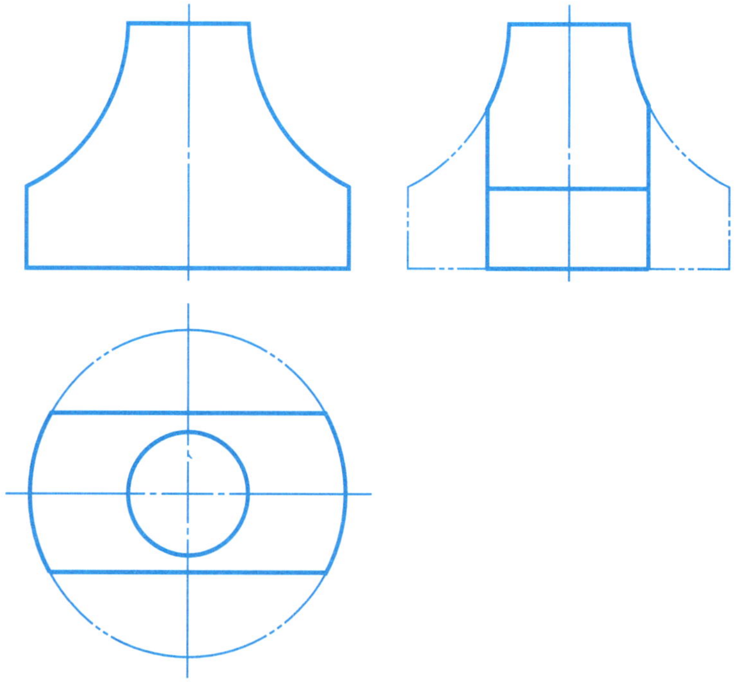

4-4　分析立体相交的相贯线，补全其三面投影（第 5、6 题试用辅助平面法求解）。

1.

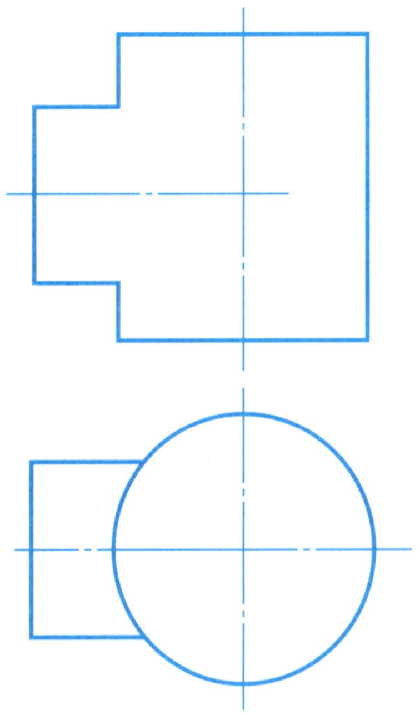

2.

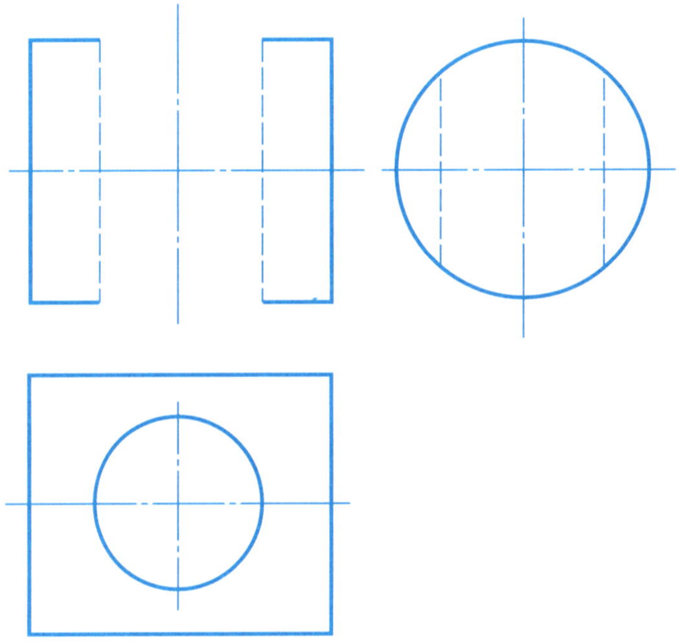

3.

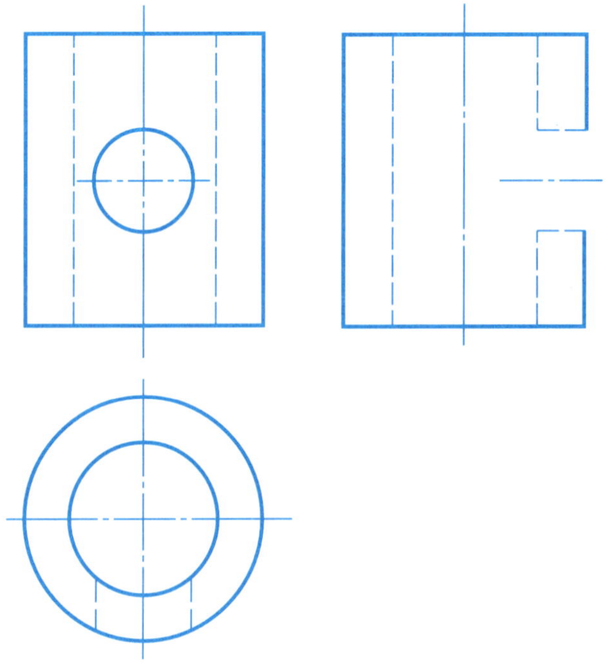

4.

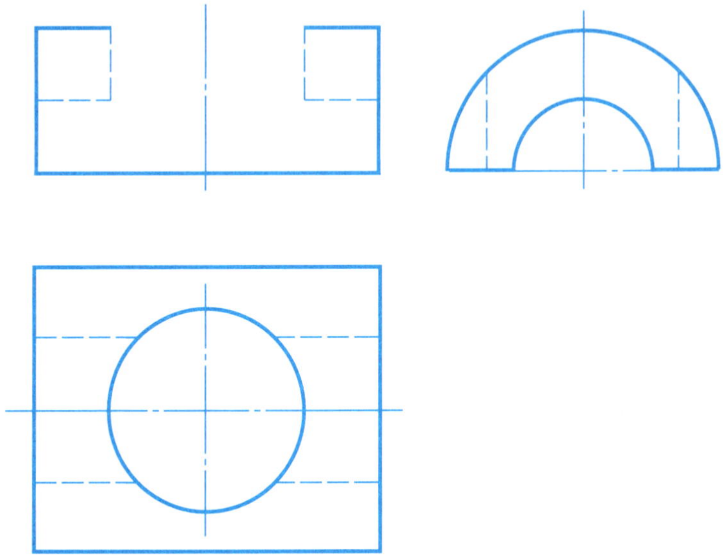

5.

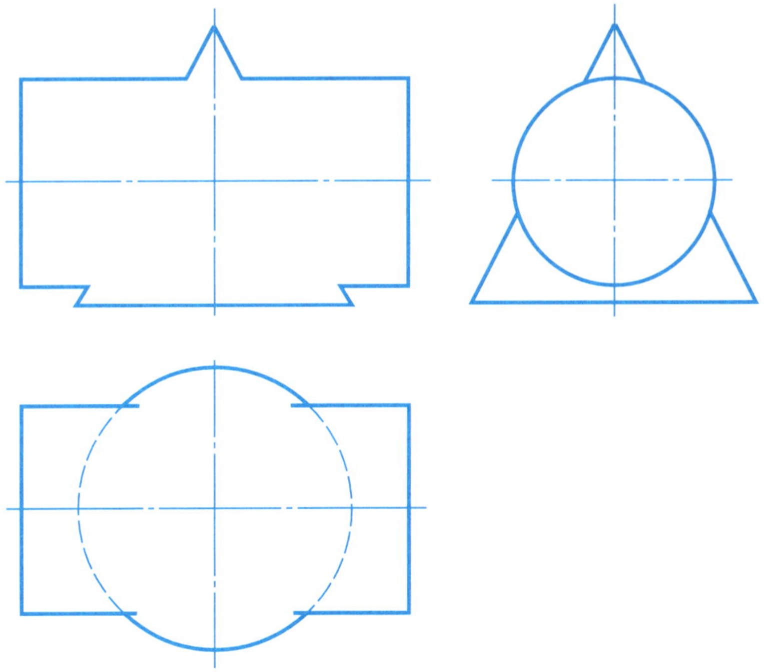

6.

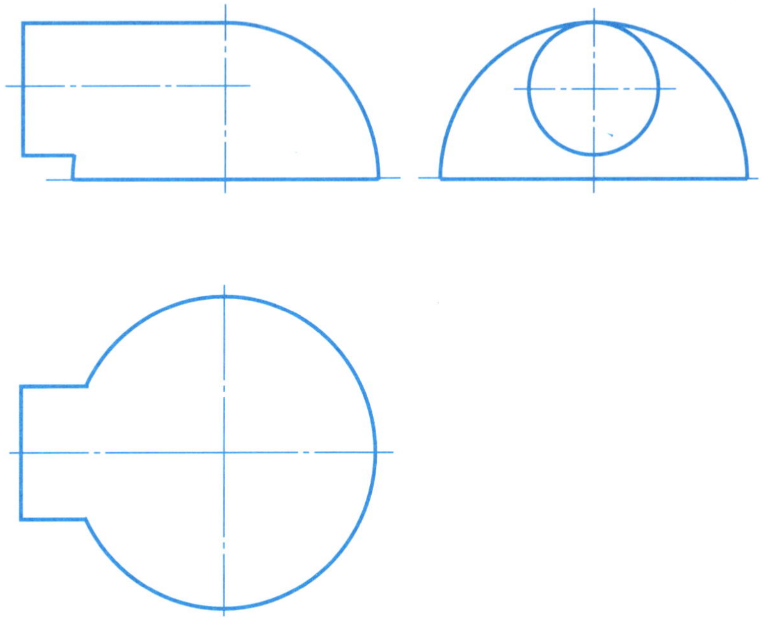

4-5 分析立体相交的相贯线，补全其三面投影。

1.

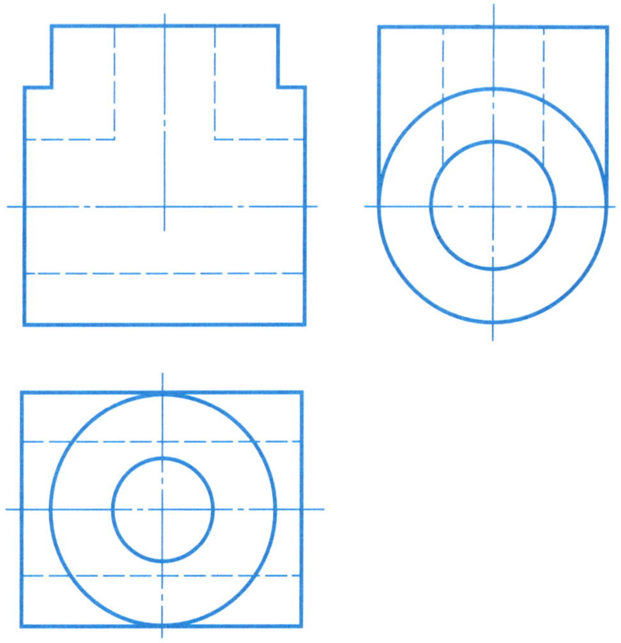

2.

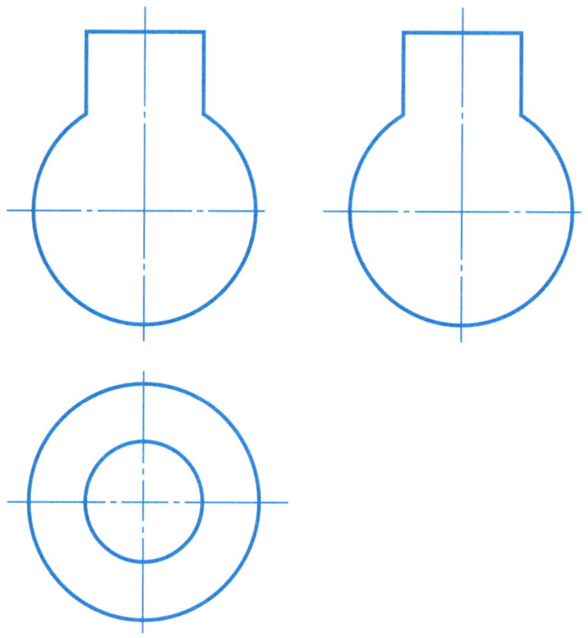

3.

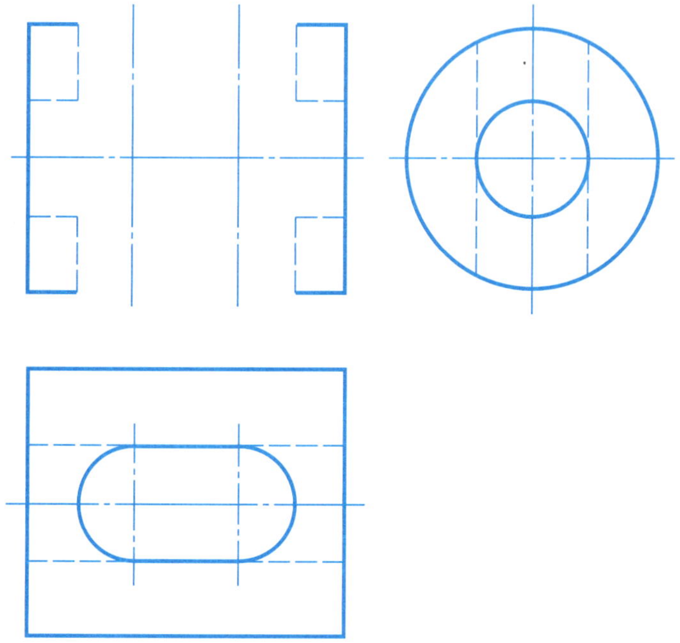

4.

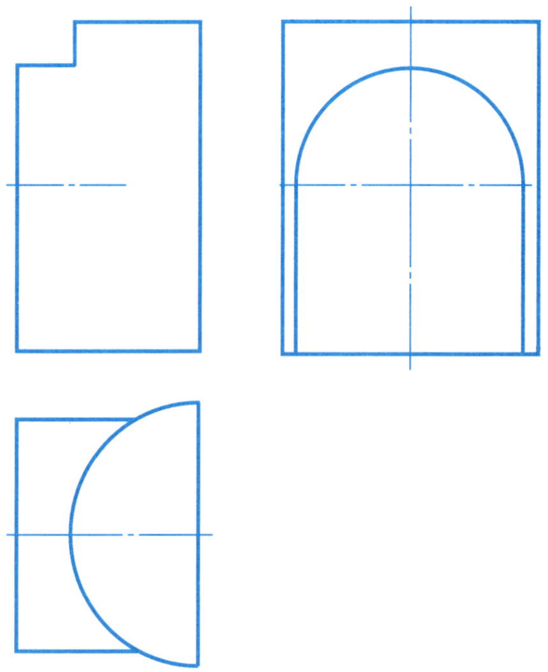

5.

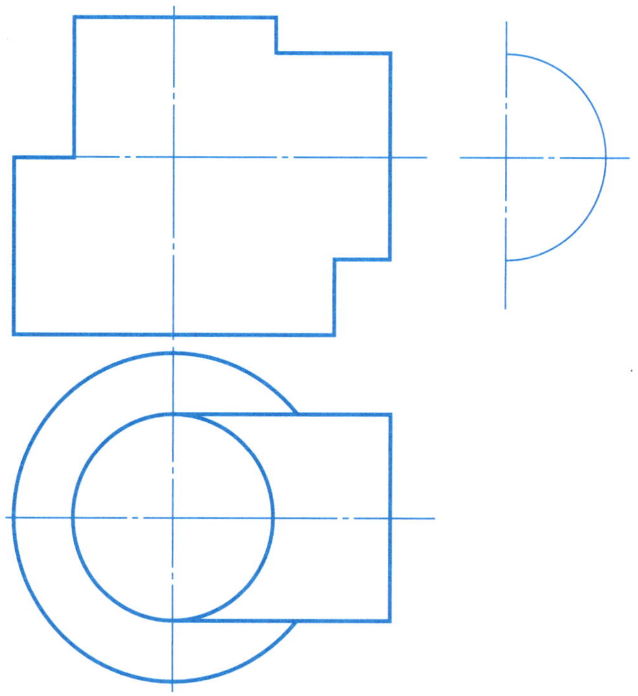

6.

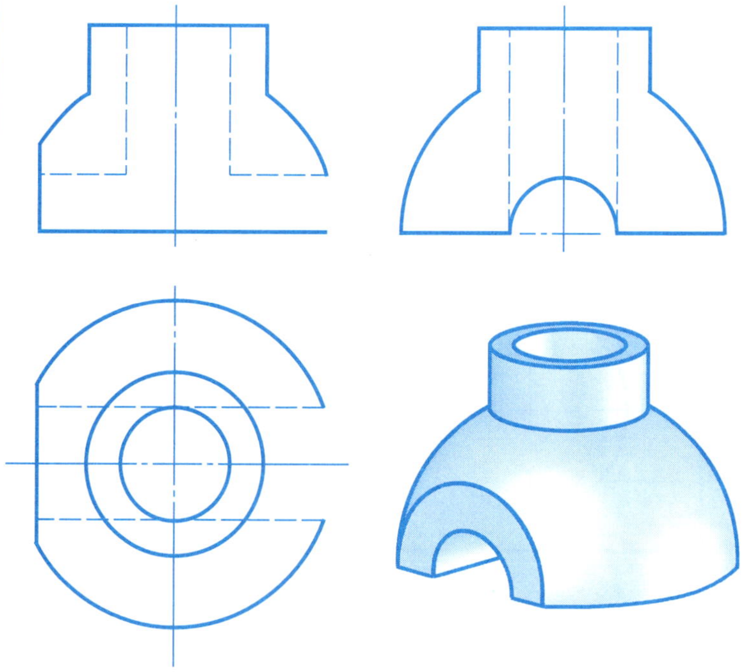

5-1　画出下列物体的正等轴测图。

1.

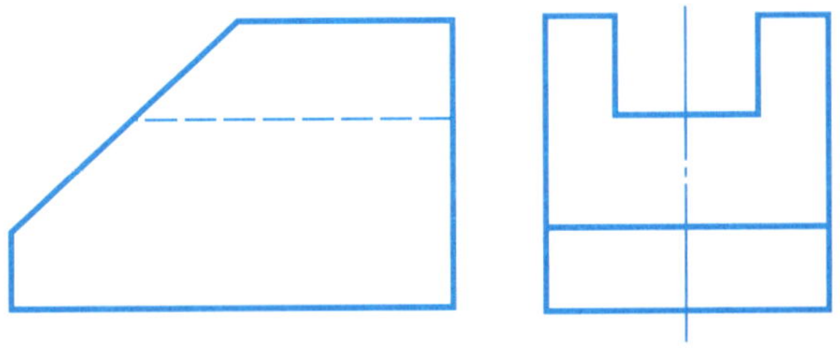

2.

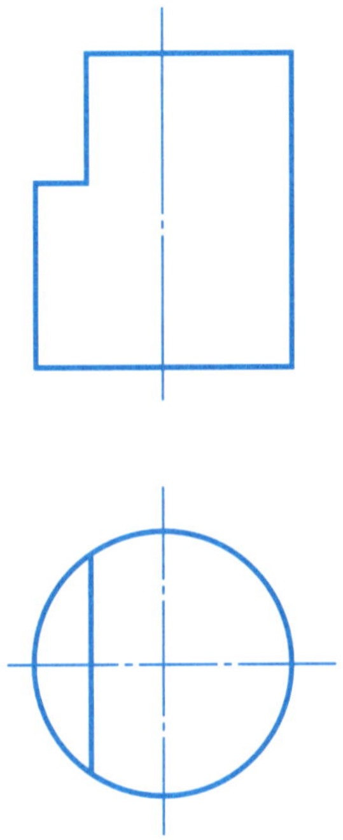

3.

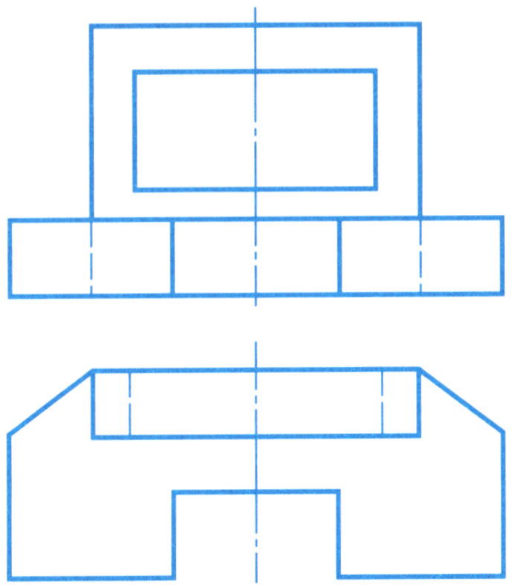

4.

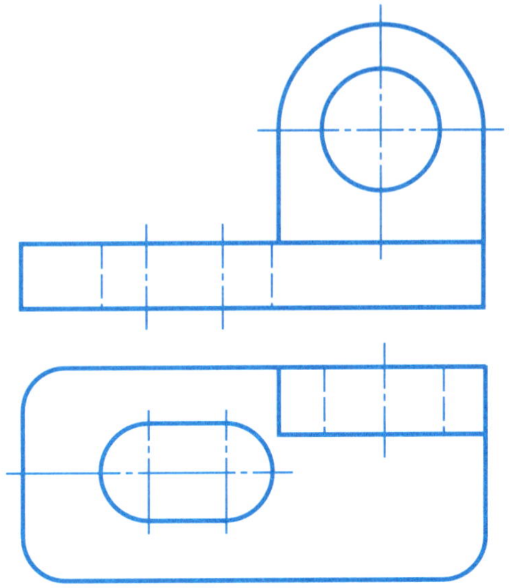

班级　　　　姓名　　　　学号

5-2　画出下列物体的斜二等轴测图。

1.

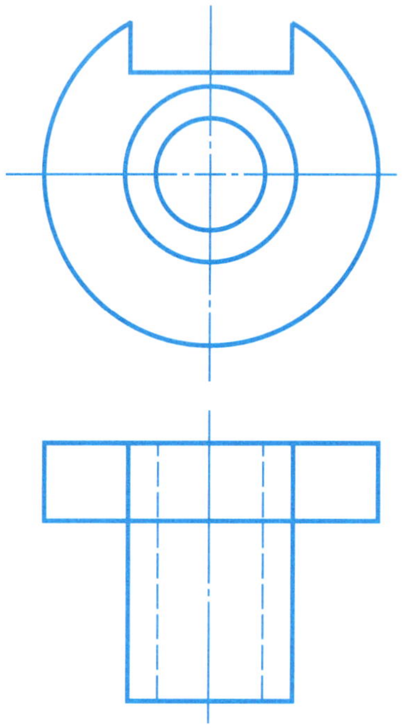

2.

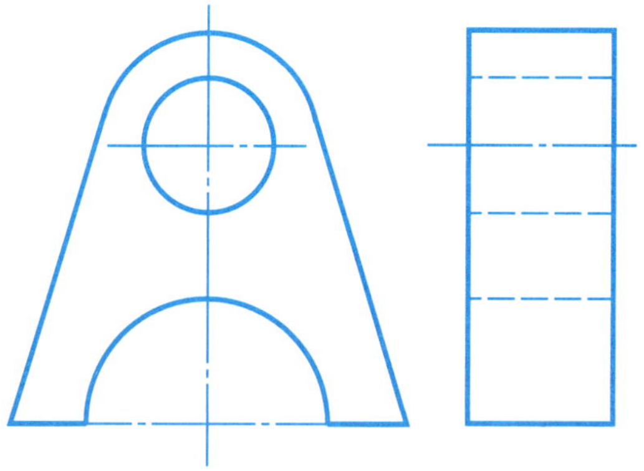

5-3　根据物体的两个视图想像空间形状，画出其轴测剖视图。

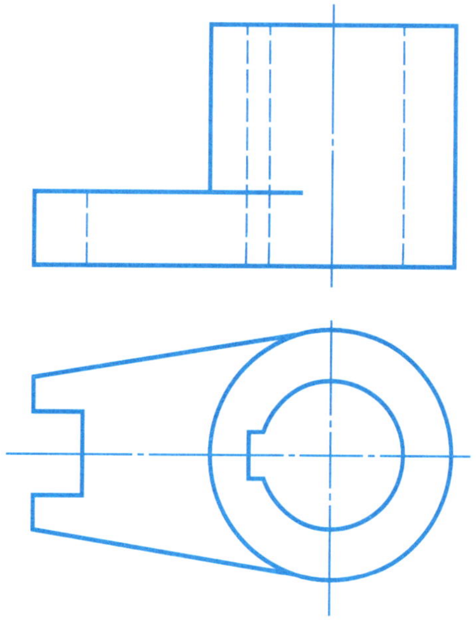

5-4　根据轴测图，将右边轴测图改画成轴测剖视图。

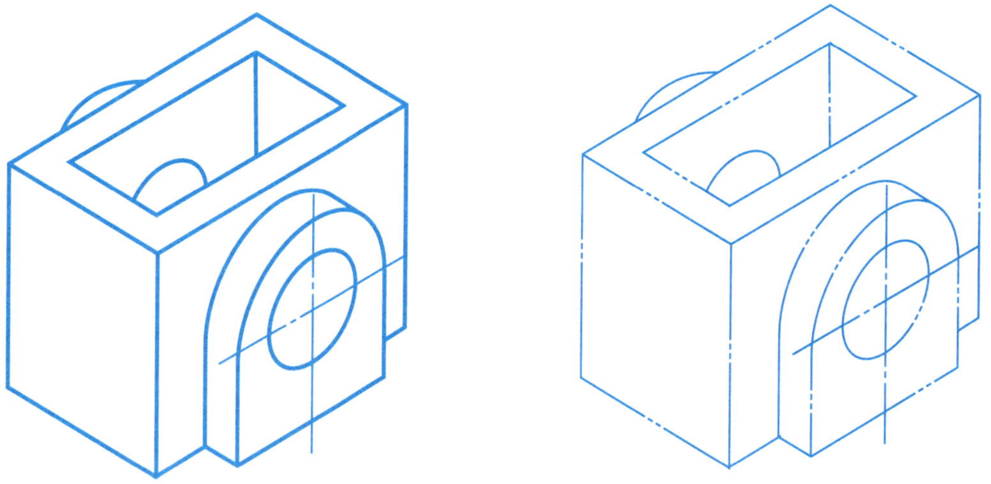

5-5　根据三视图，徒手画出其正等轴测图。

1.

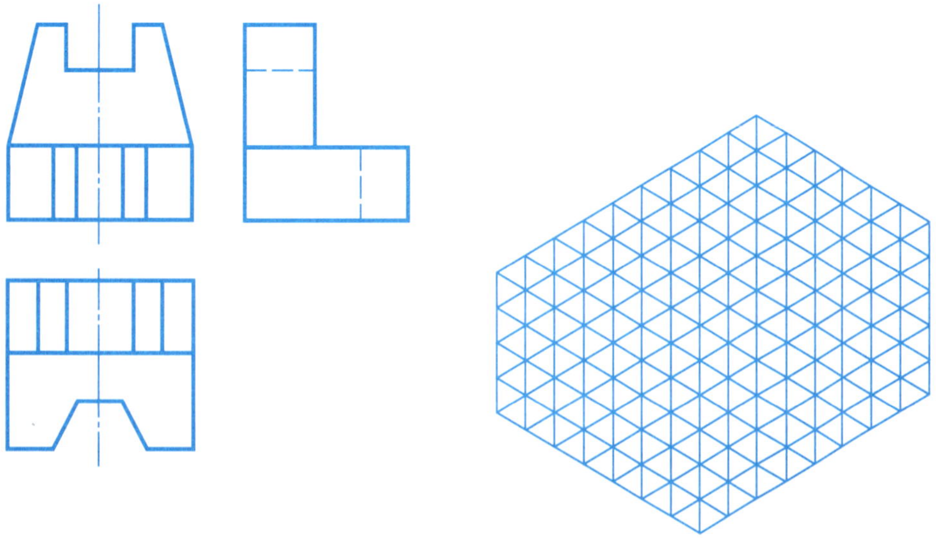

2.

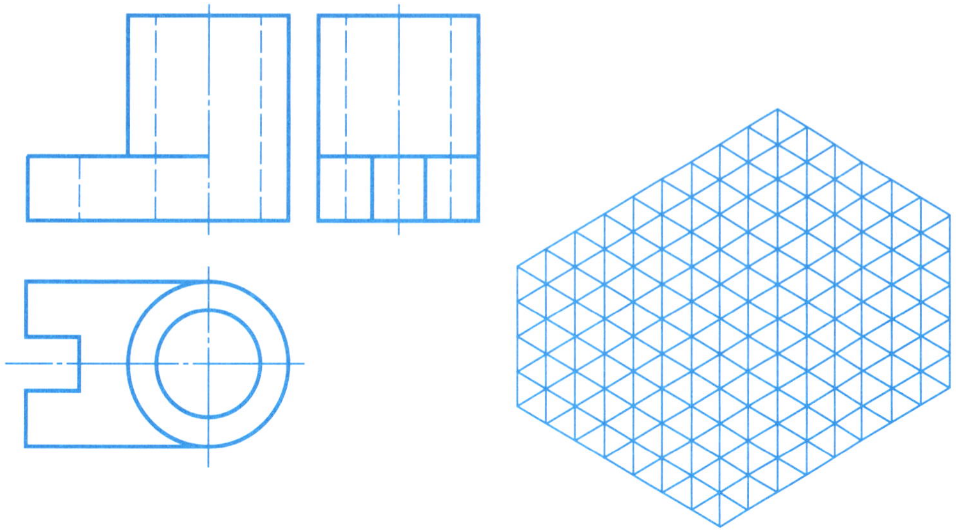

5-6　根据三视图，徒手画出其斜二测轴测图。

1.

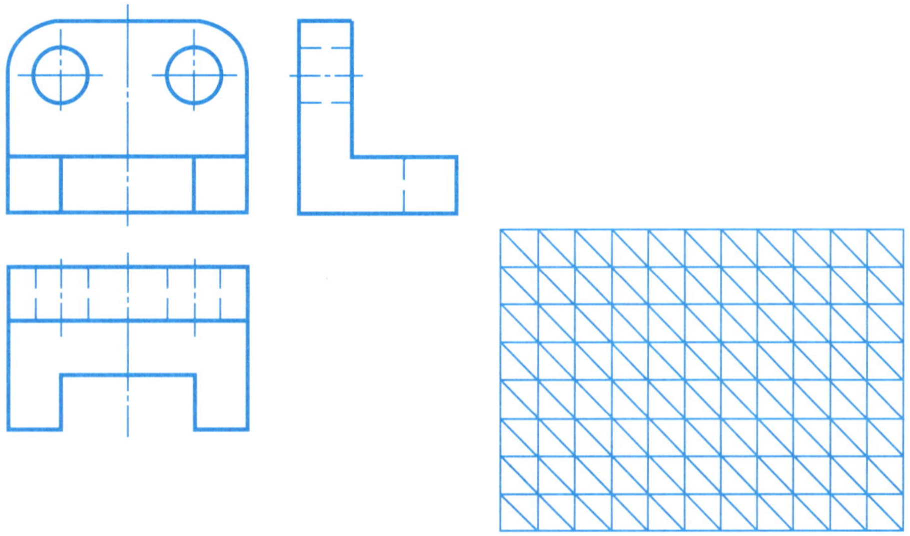

2.

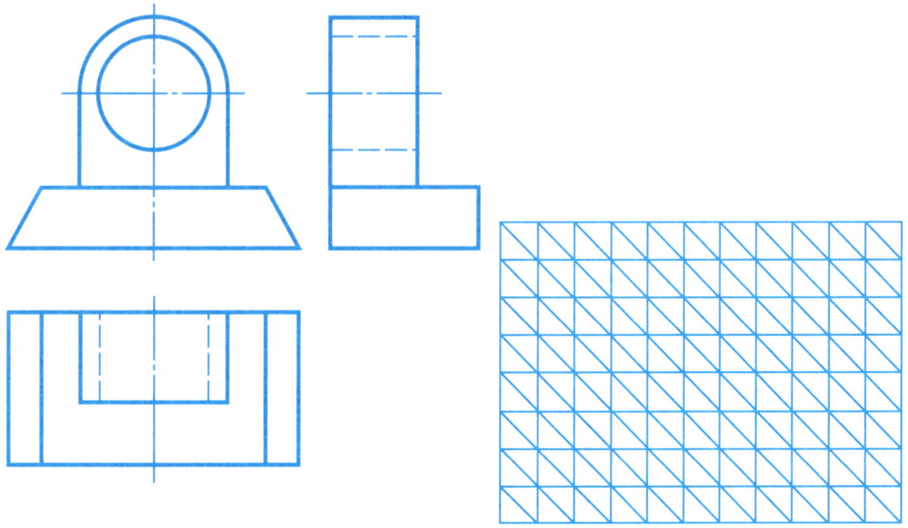

6-1　分析组合体的组合方式及表面连接关系，补画三视图中所缺的图线。

1.

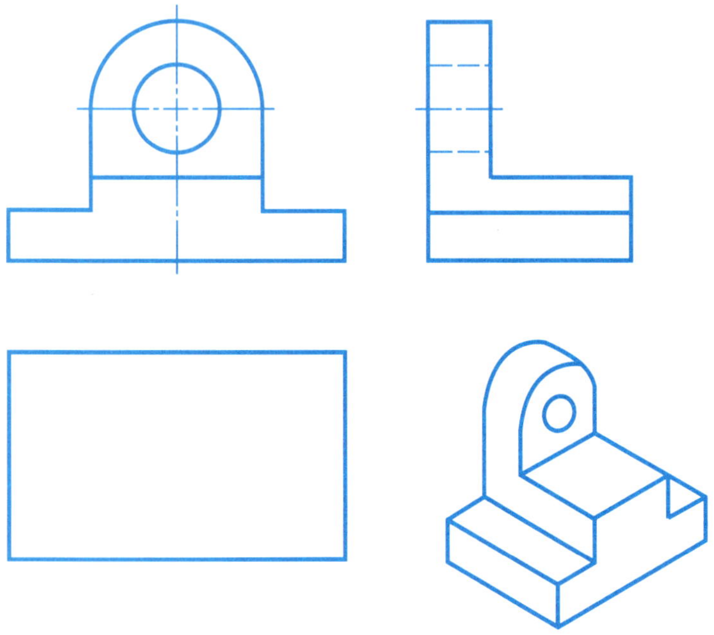

2.

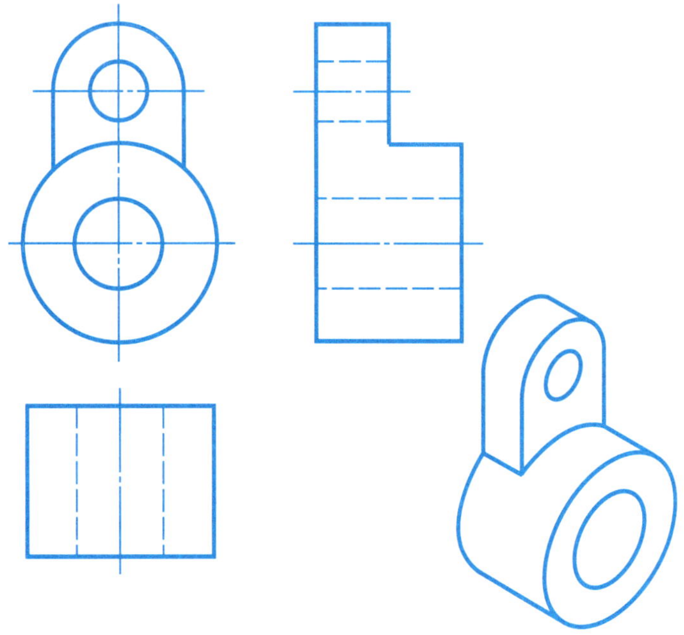

3.

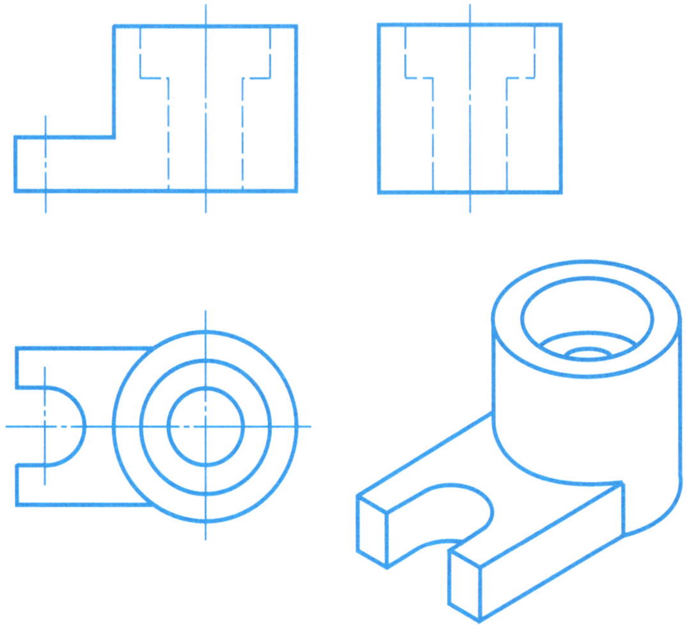

4.

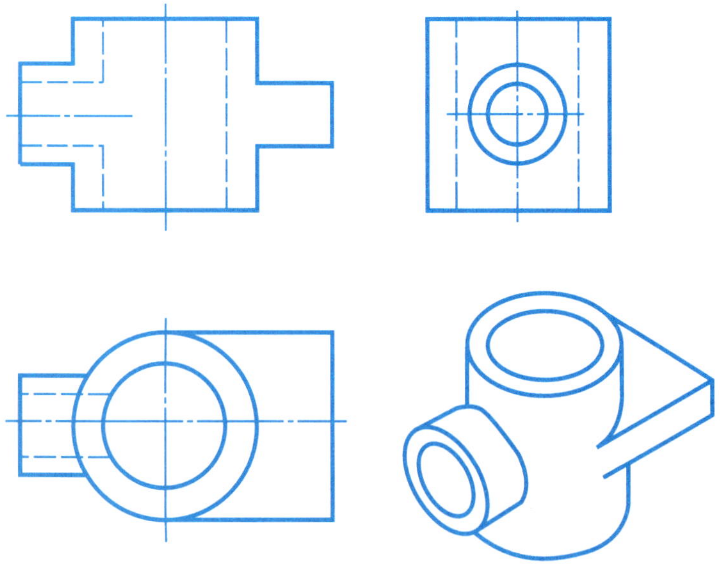

5.

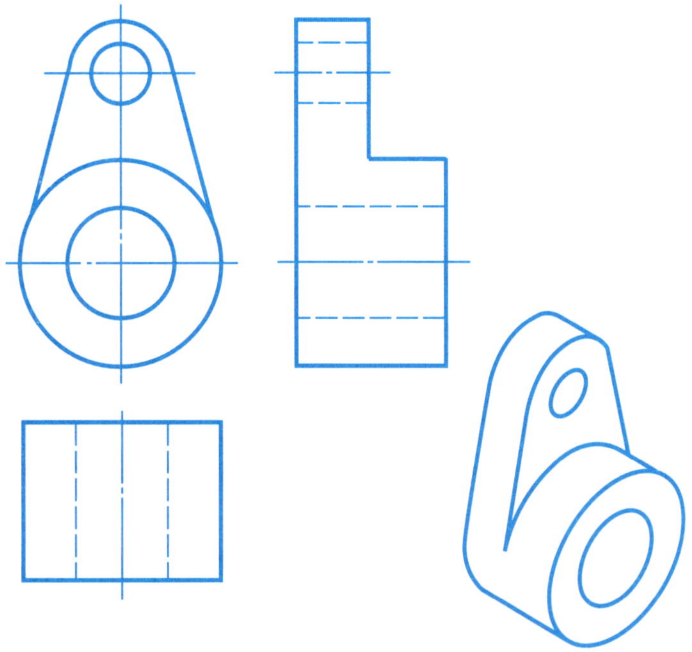

6.

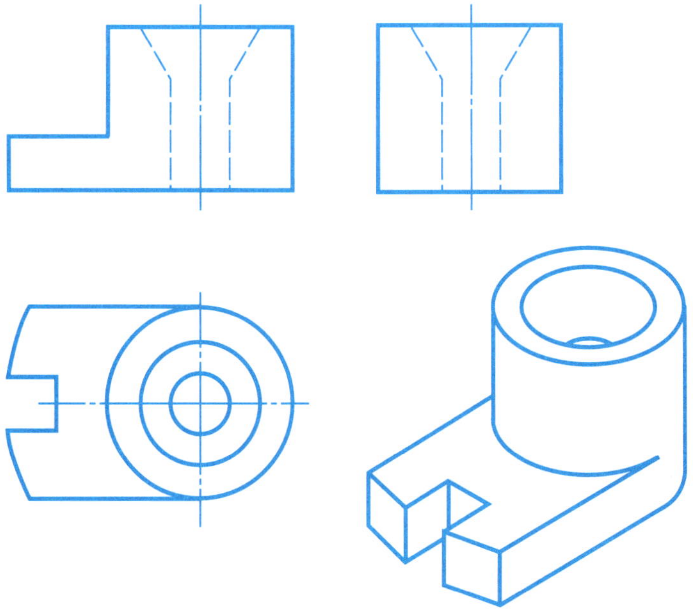

6-2　根据轴测图，画出三视图中的漏线。

1.

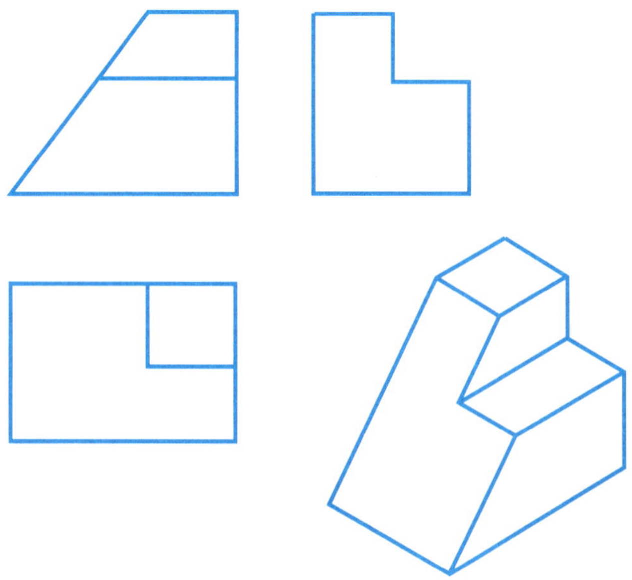

2.

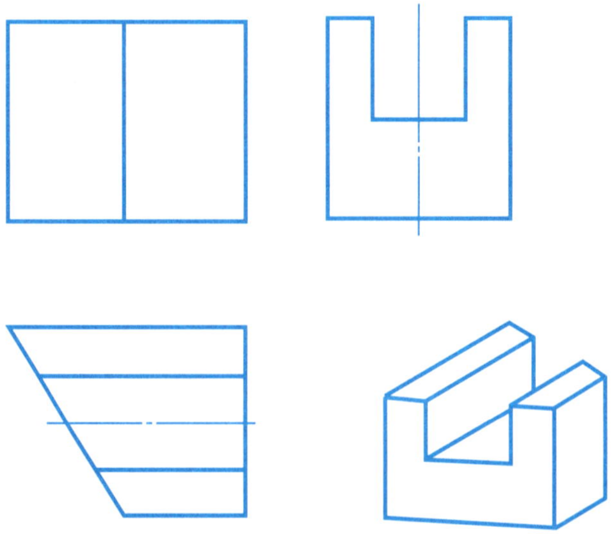

3.

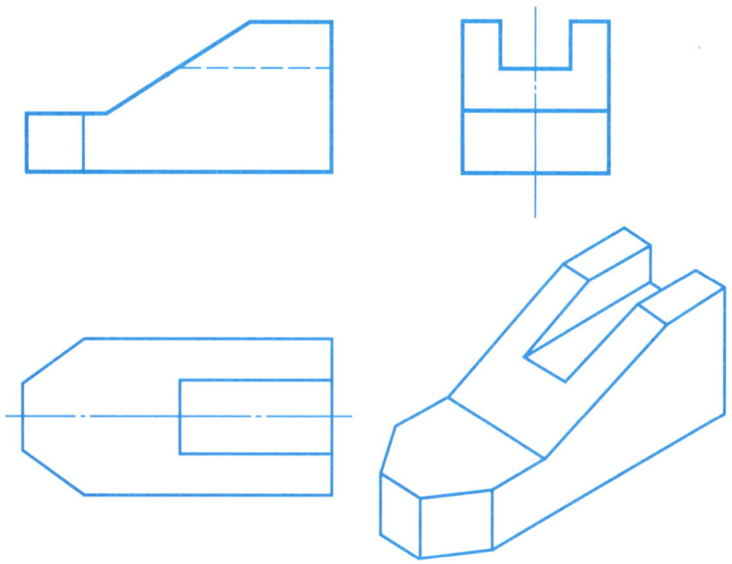

4.

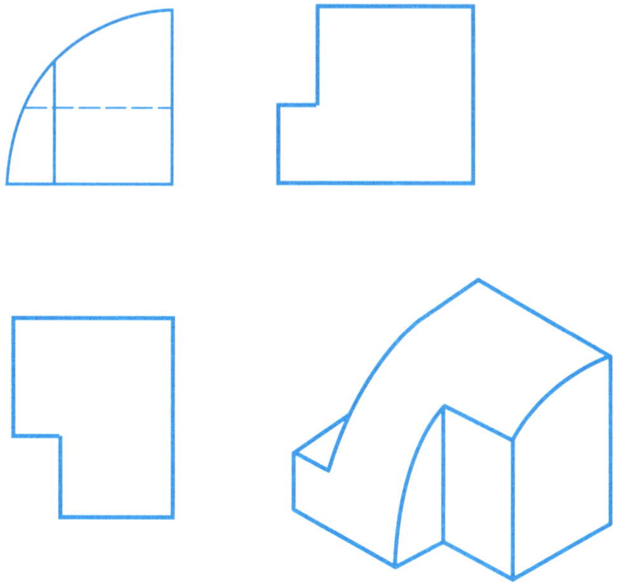

5.

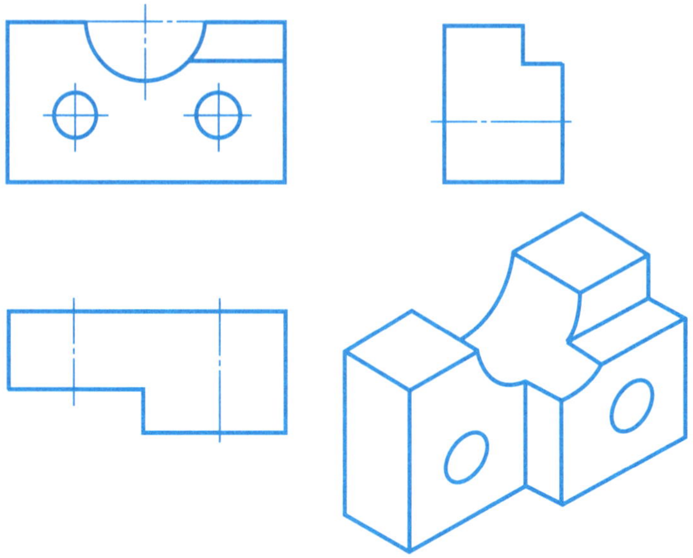

6.

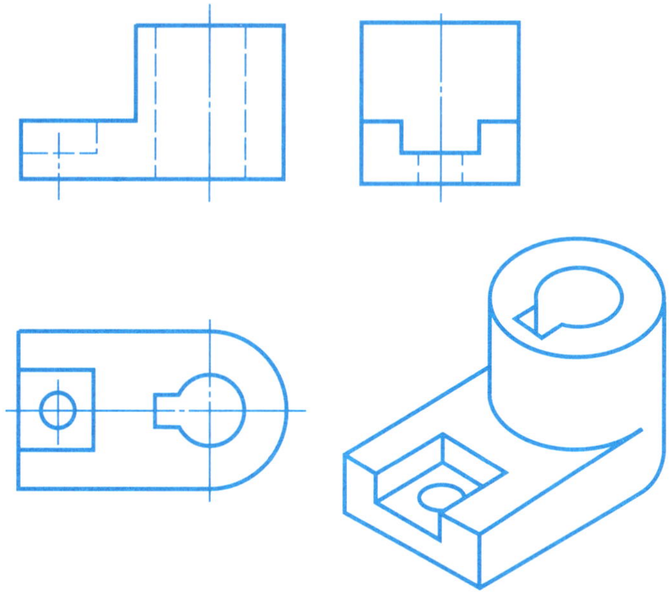

6-3　根据轴测图，画出组合体的第三视图。

1.

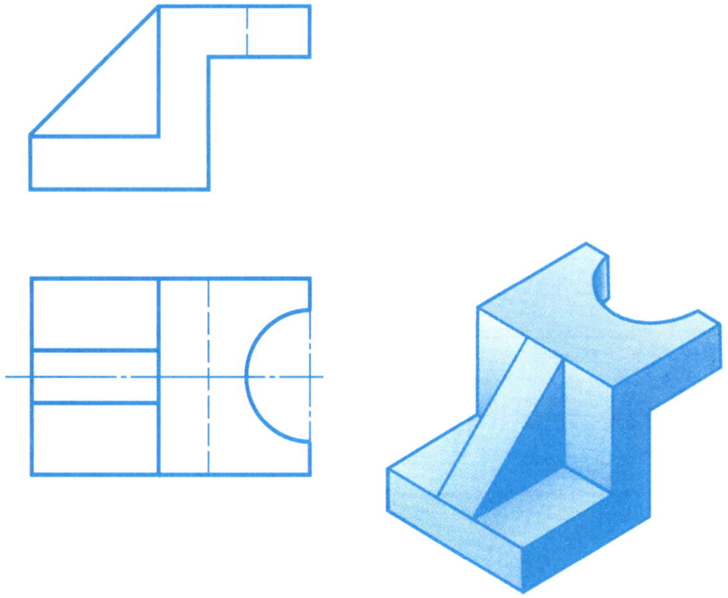

2.

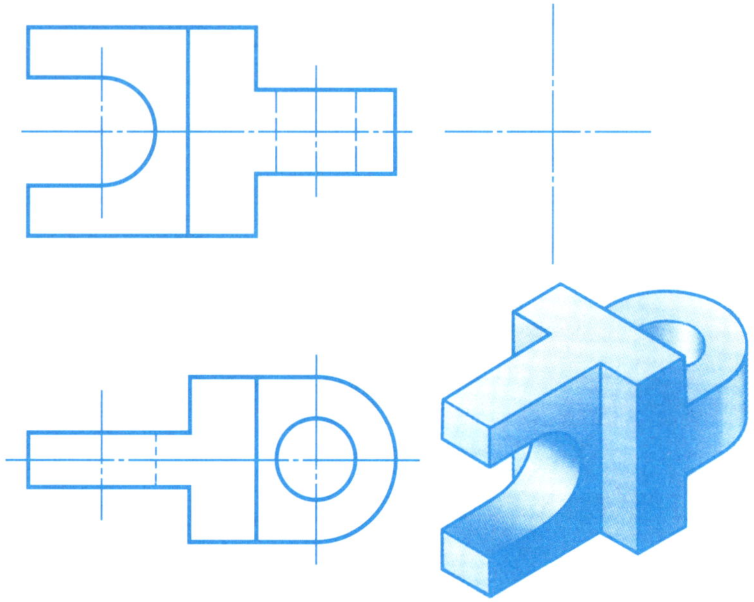

3.

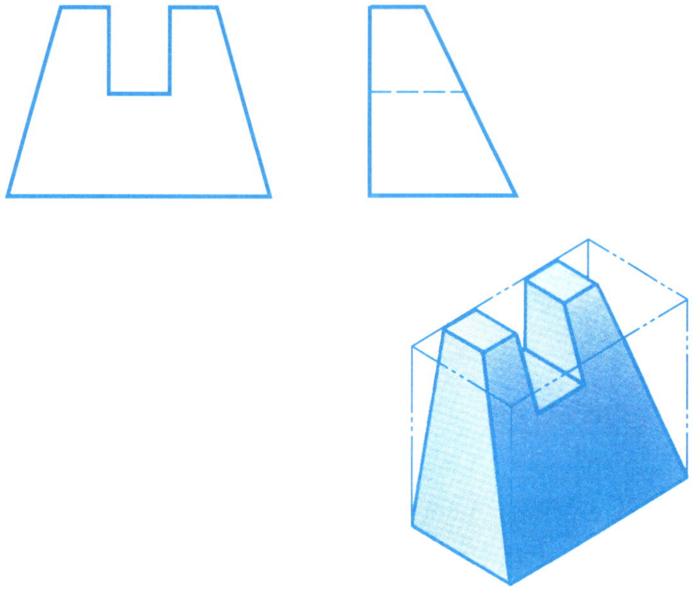

6-4　根据轴测图，在左边方格内徒手绘制组合体的三视图。

1.

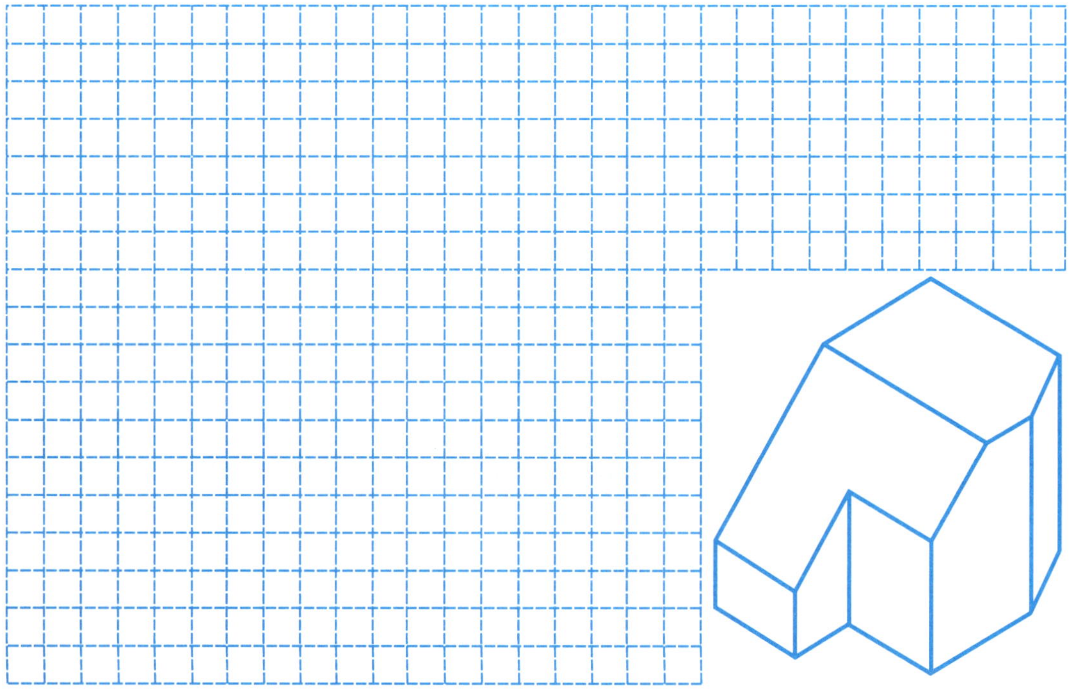

2.

6-5　根据组合体两视图，补画第三视图。

1.

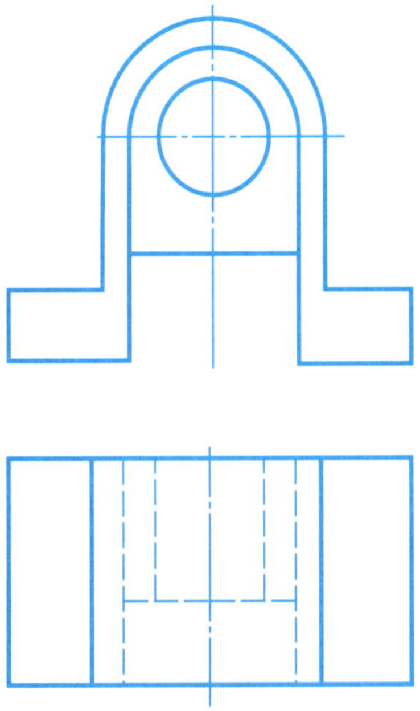

3.

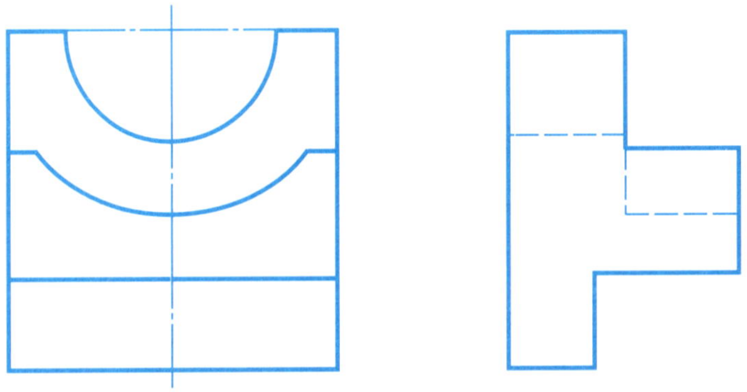

5.

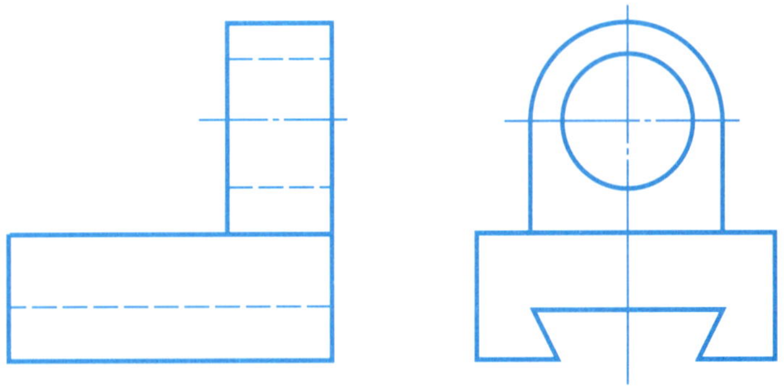

2.

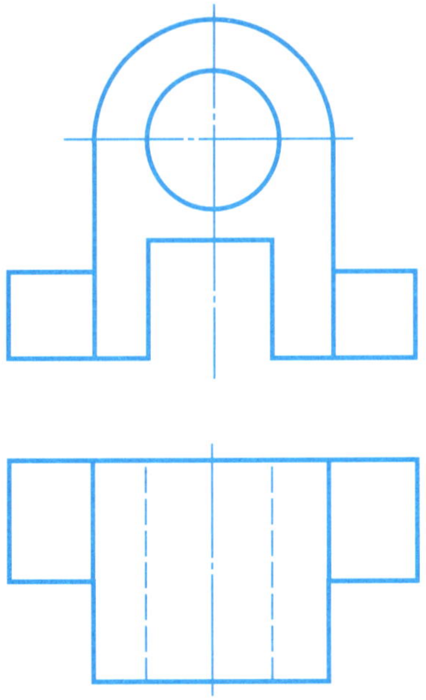

4.

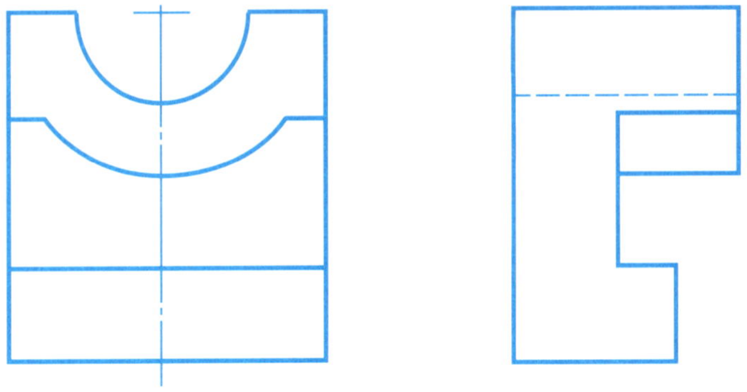

6.

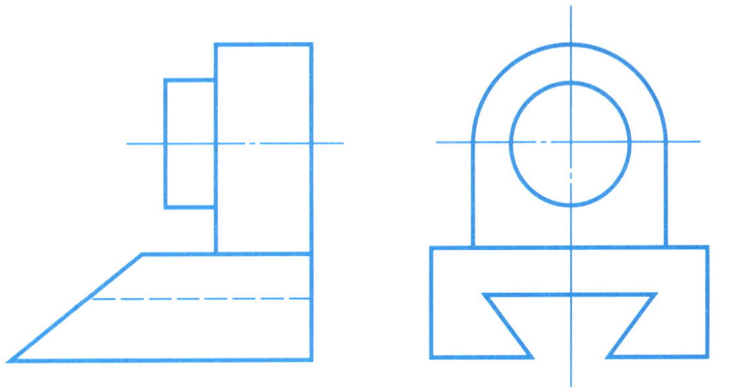

6-6　根据组合体两视图，补画第三视图。

1.

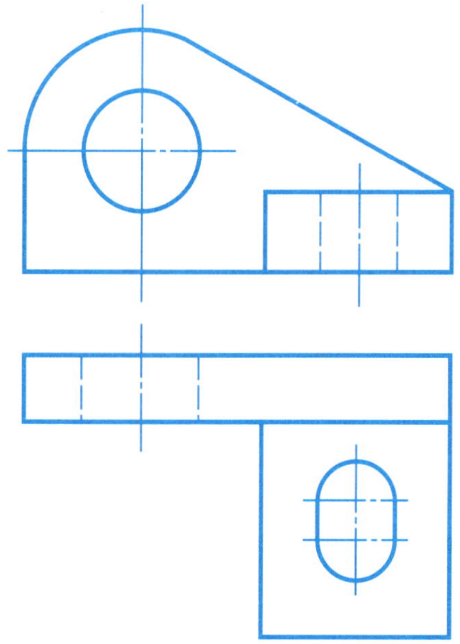

2.

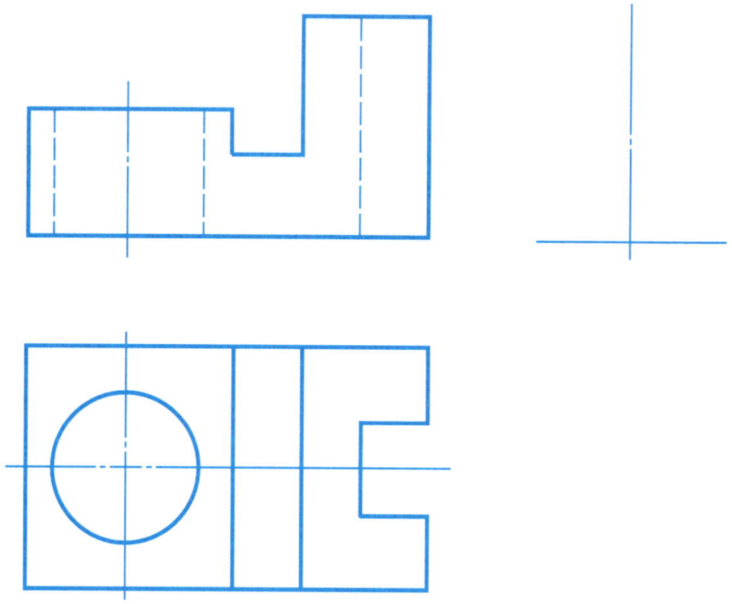

3.

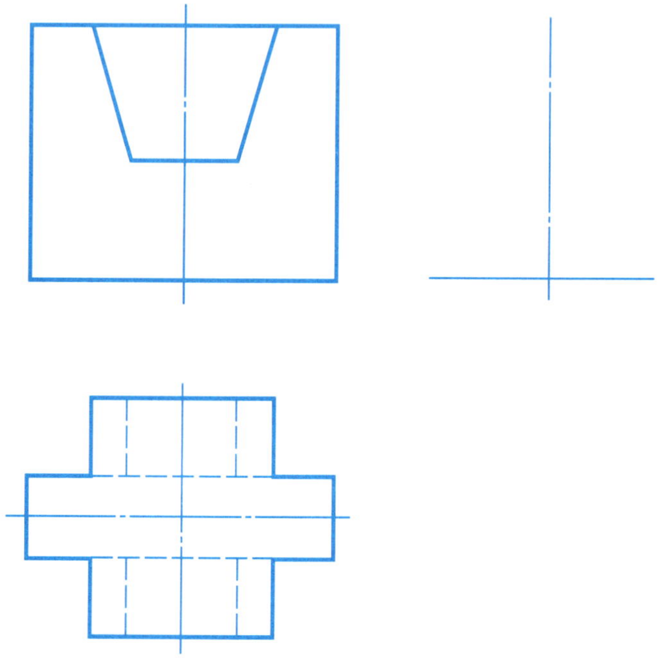

4.

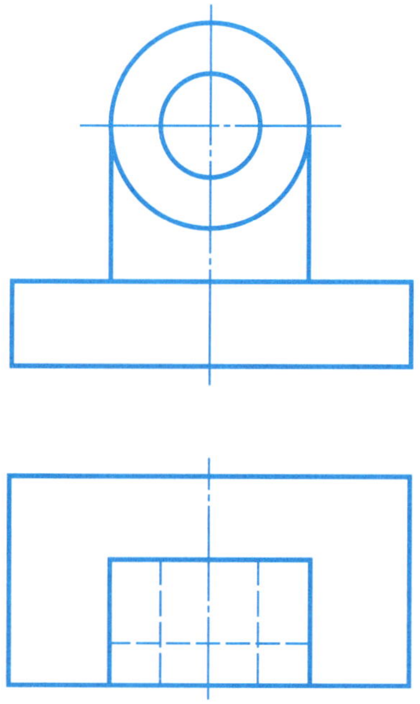

5.

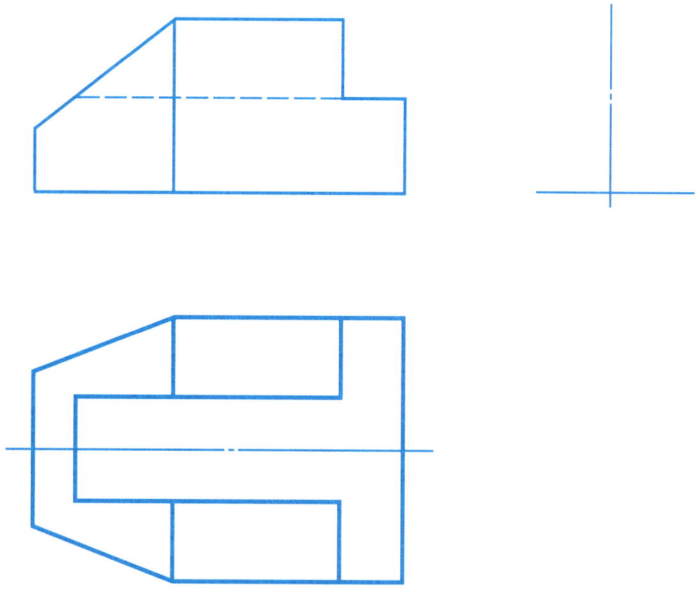

6.

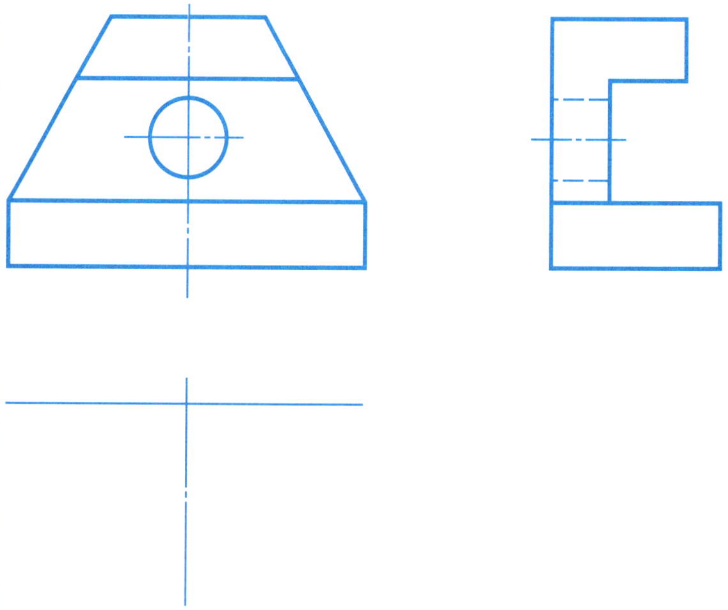

6-7　根据组合体两视图，补画第三视图。

1.

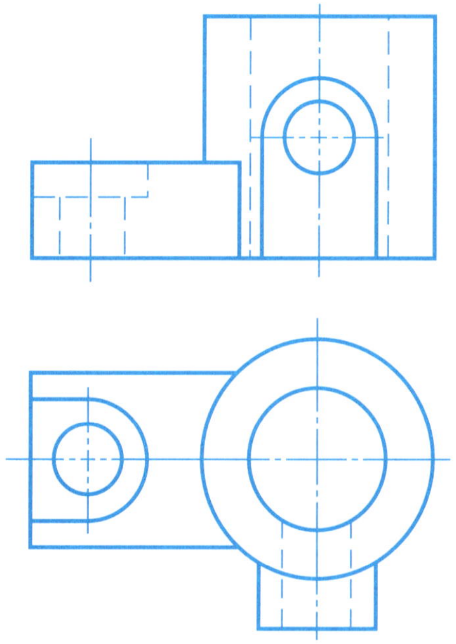

2.

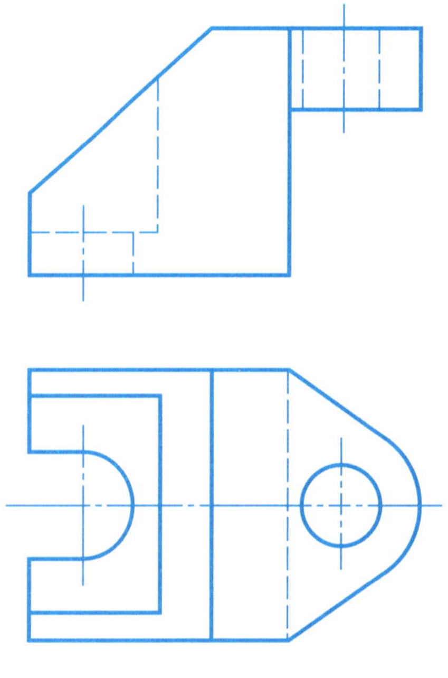

3.

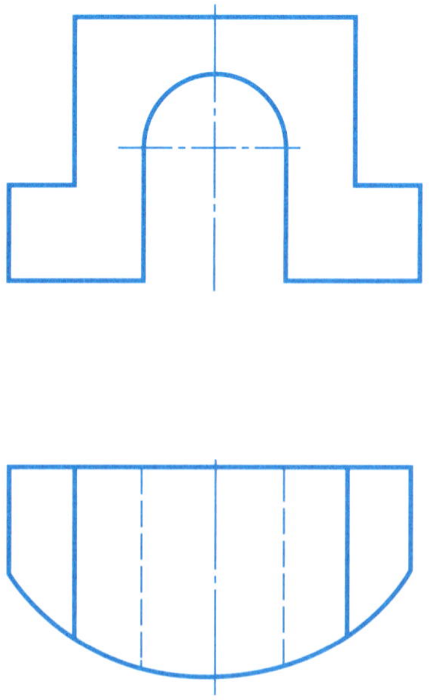

4.

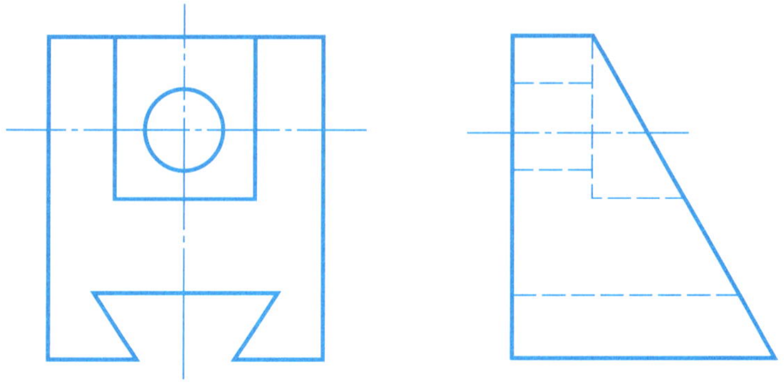

5.

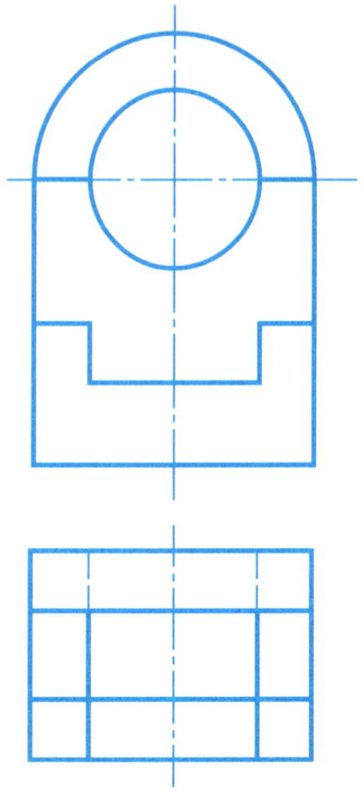

6.

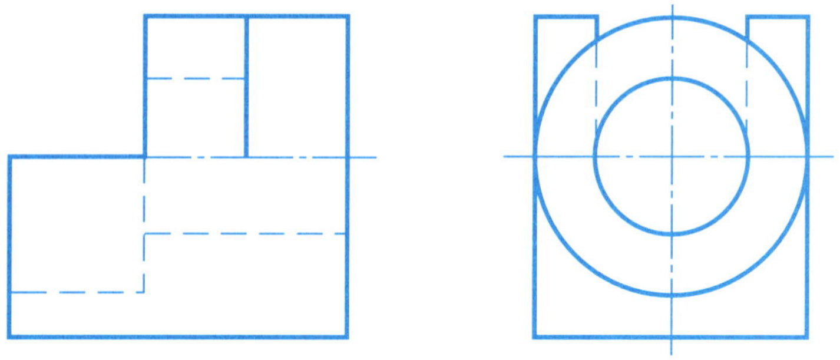

6-8　根据组合体两视图，补画第三视图。

1.

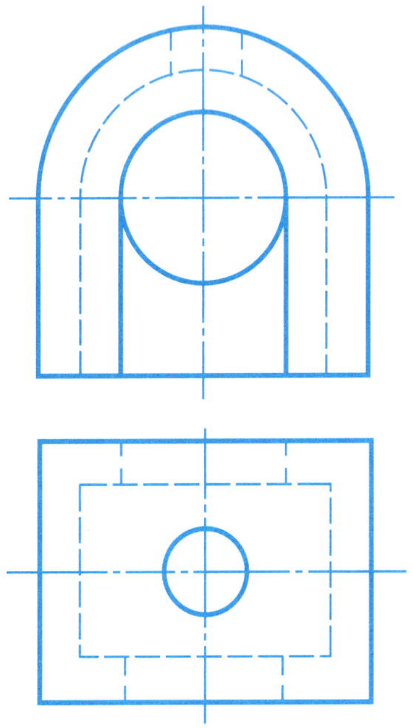

2.

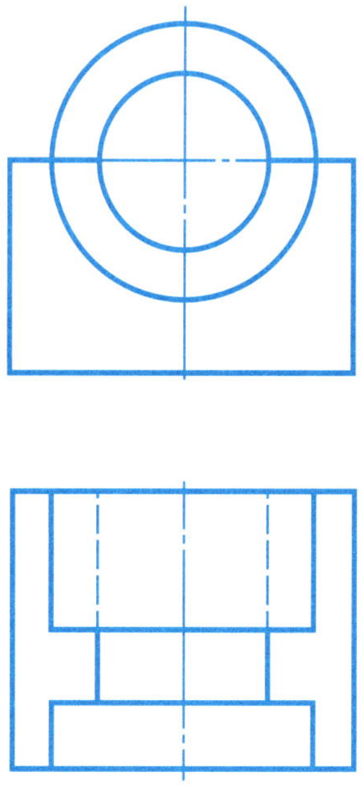

3.

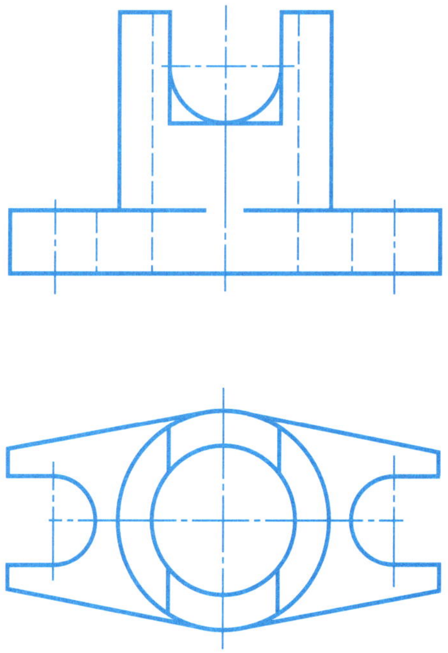

4.

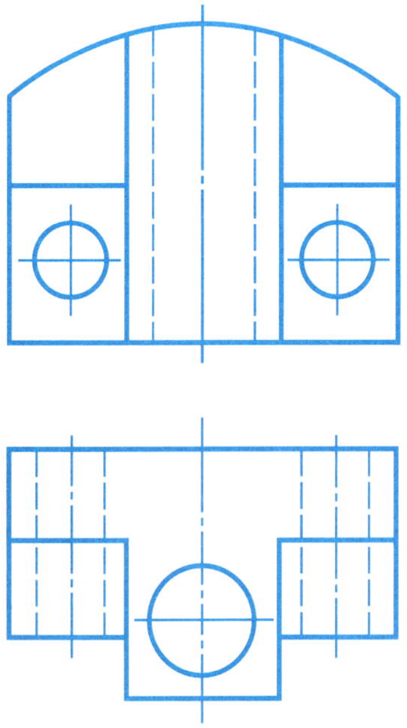

5.

6.

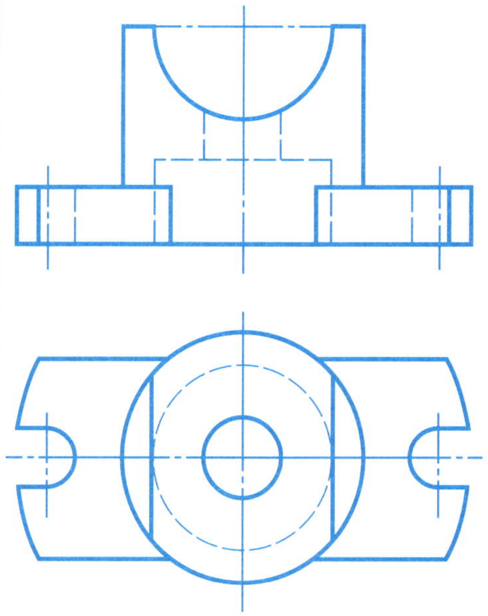

6-9　根据组合体两视图，补画第三视图。

1.

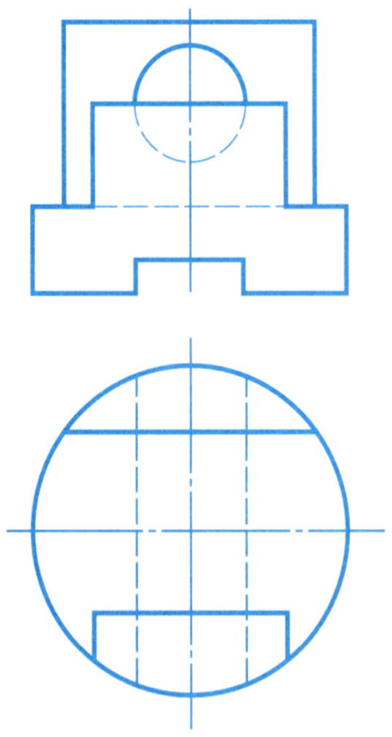

2.

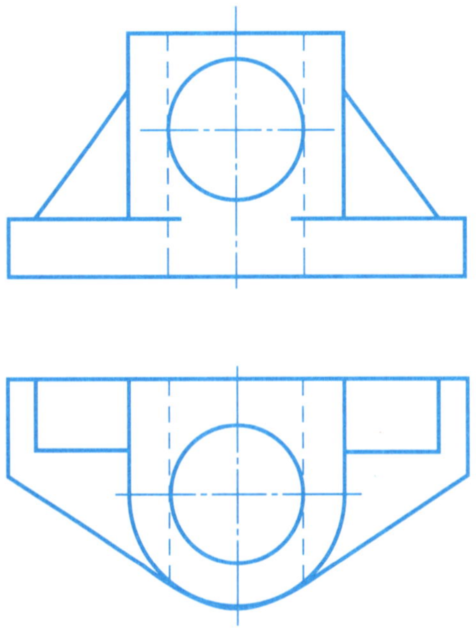

3.

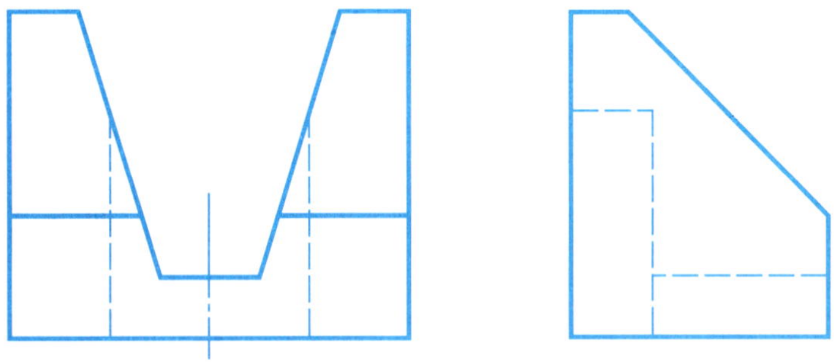

4.

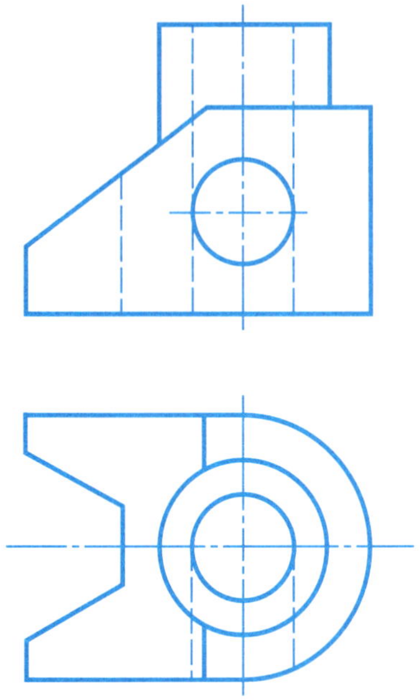

5.

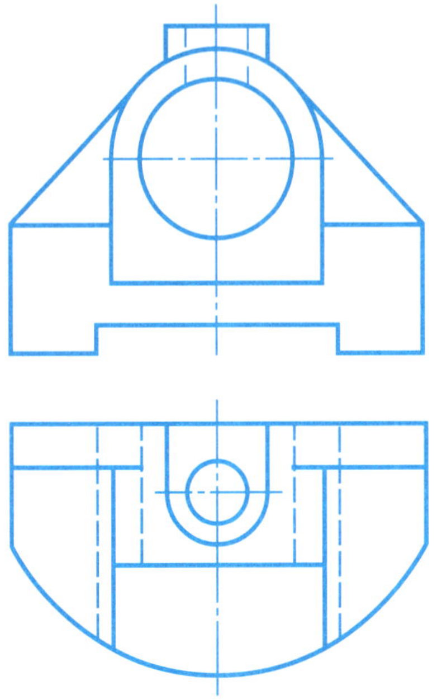

6.

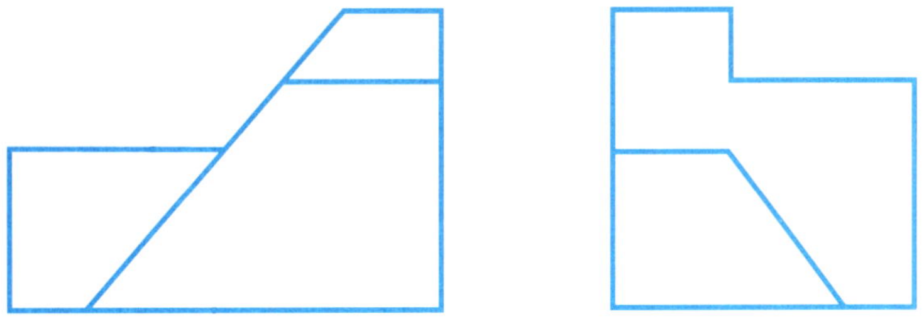

6-10　标注下列组合体的尺寸，数值按 1∶1 在图中量取，并取整数。

1.

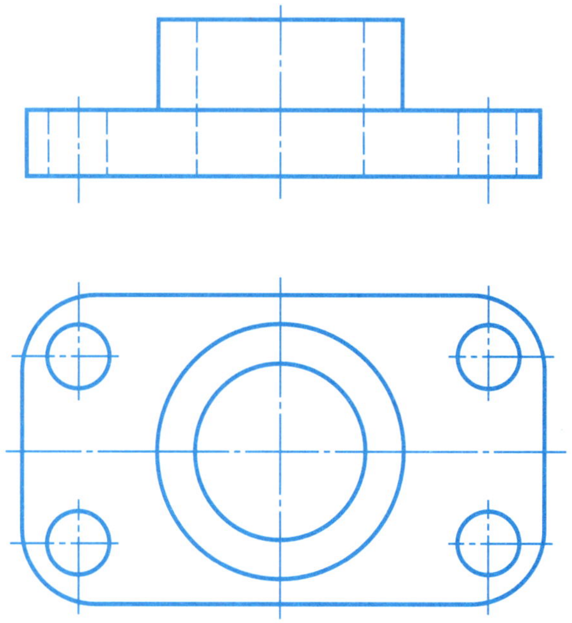

2.

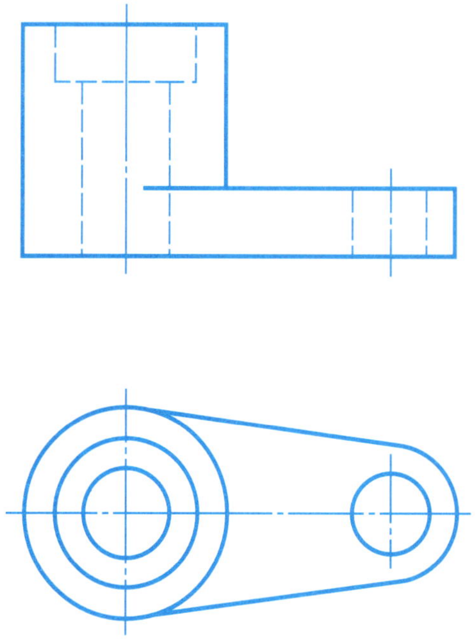

3.

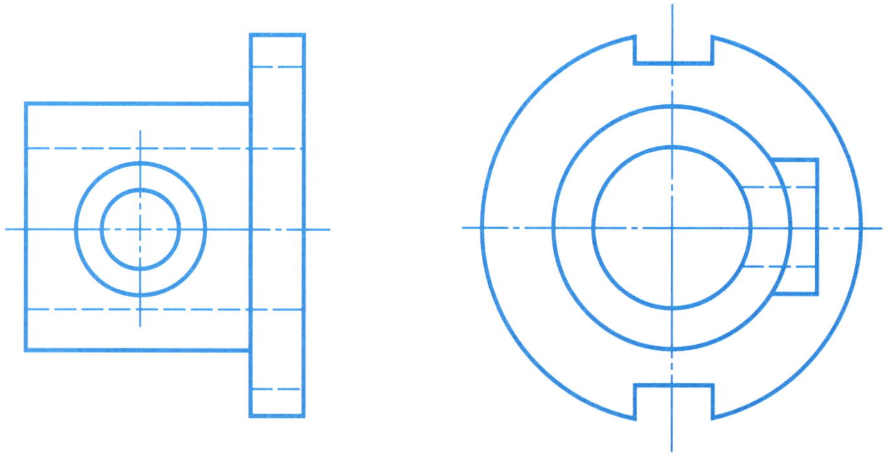

4.

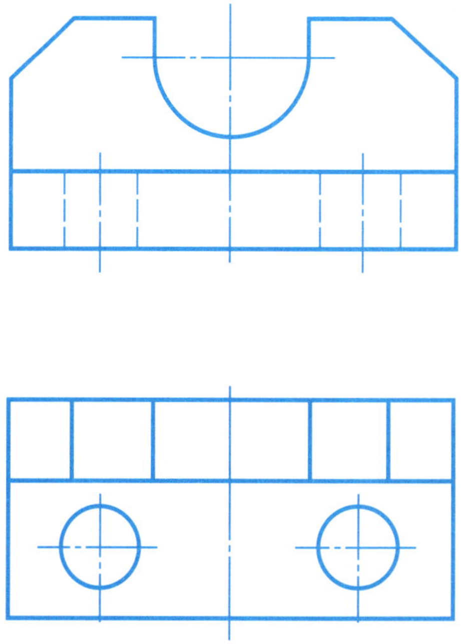

6-11　根据组合体立体图（选择一个组合体），选取适当比例在 A3 图幅上画出组合体的视图，并标注尺寸。

1.

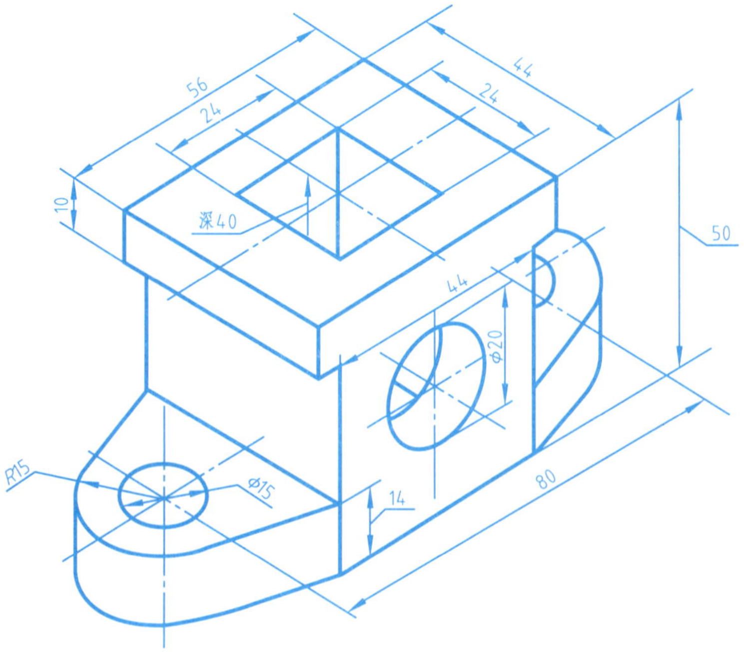

2.

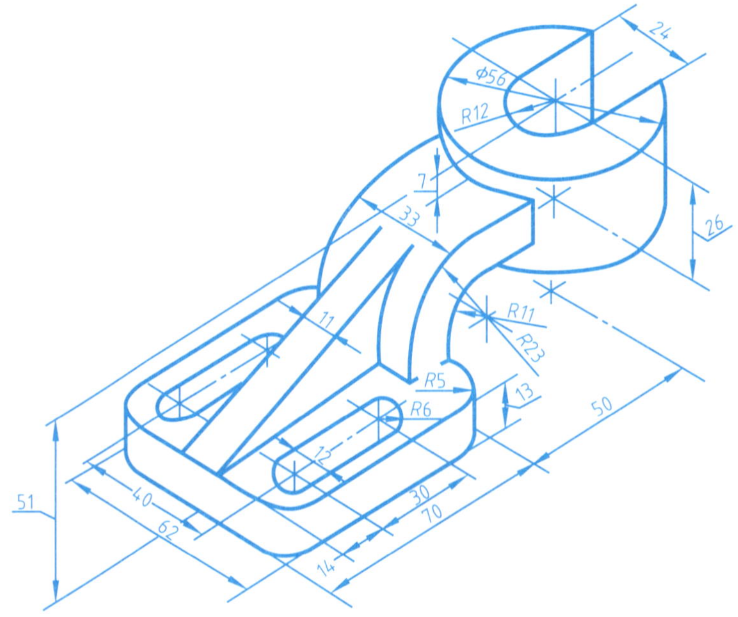

3.

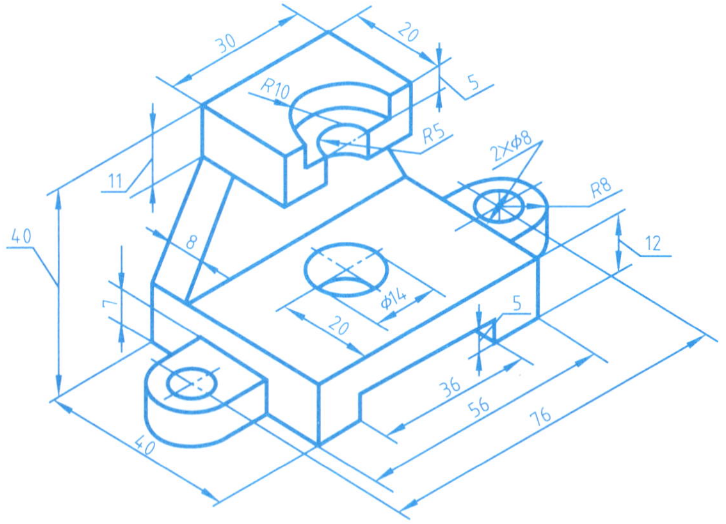

4.

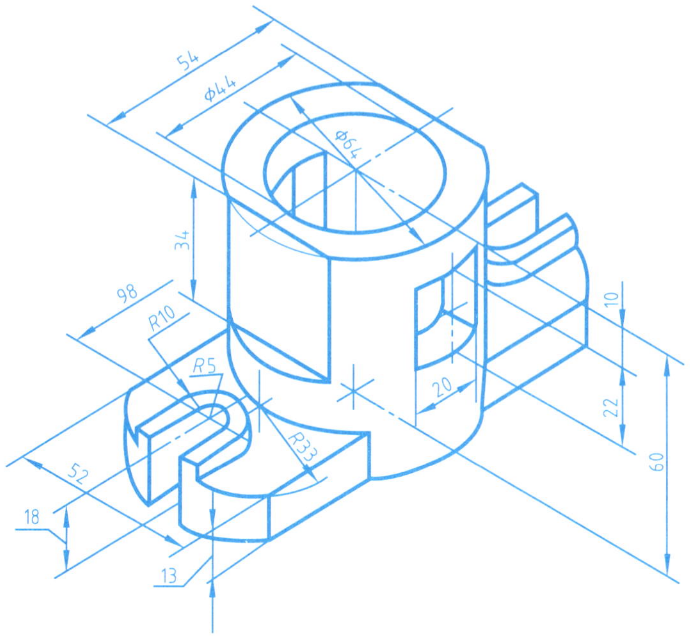

5.

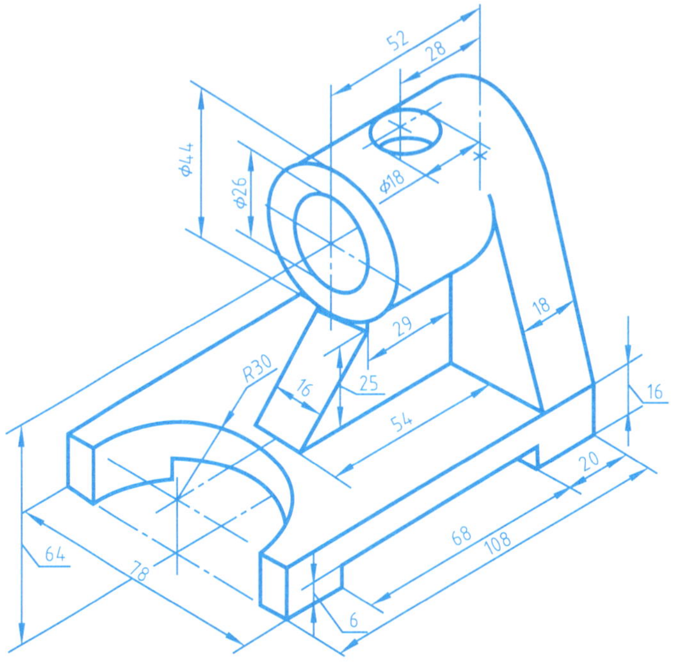

6.

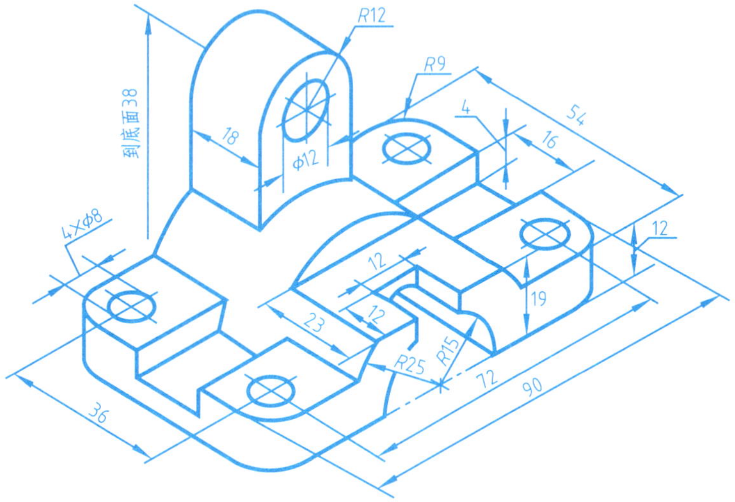

班级　　　　姓名　　　　学号

6-12　根据给出的主视图，构思出四种不同的组合体，并画出其俯、左视图。

1.

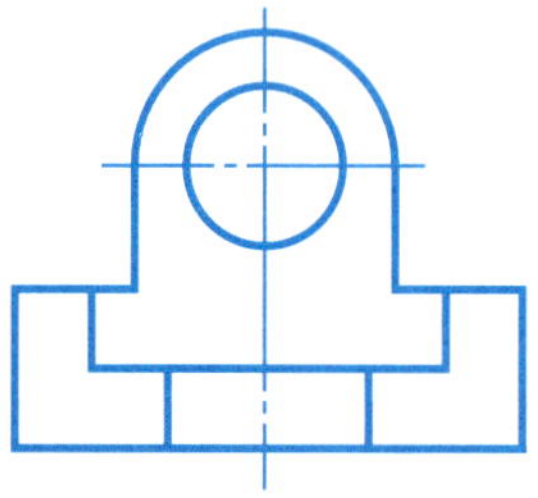

2.

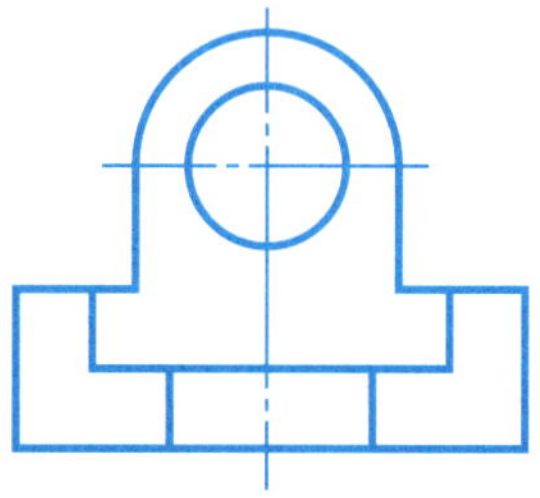

3.

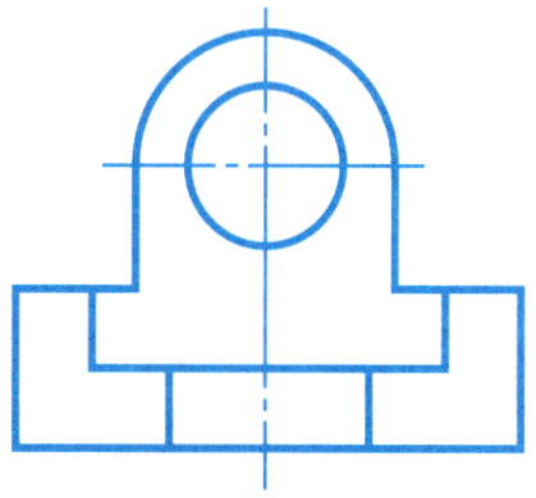

4.

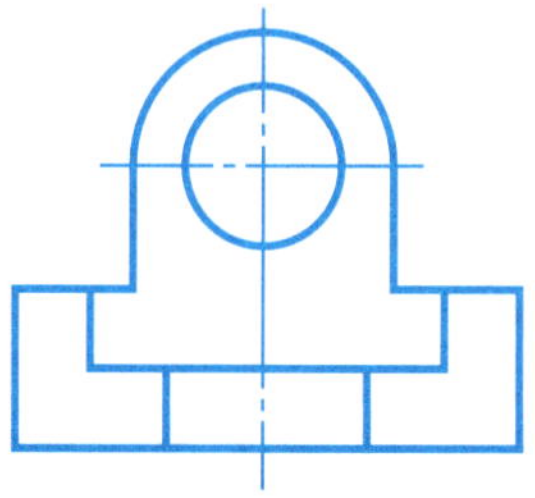

6-13　根据给出的俯视图，构思出四种不同的组合体，并画出其主、左视图。

1.

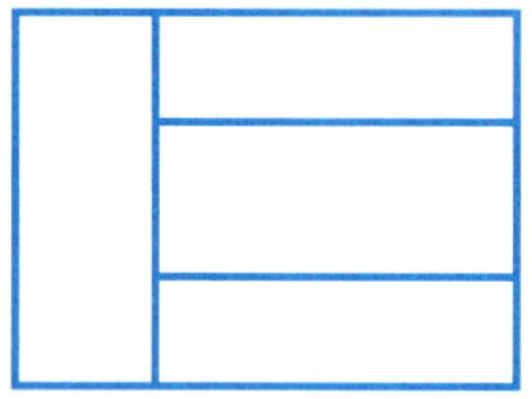

2.

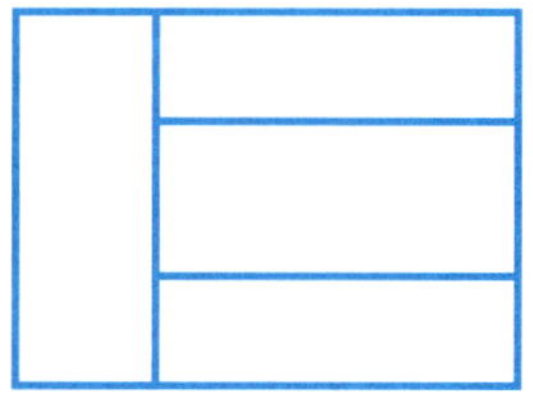

3.

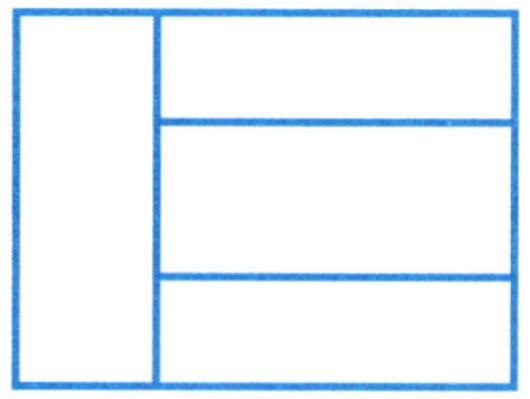

4.

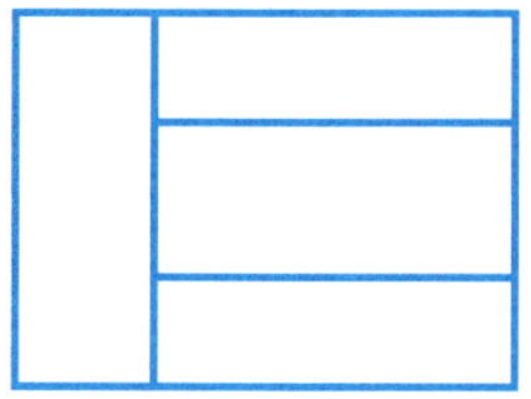

7-1　视图

1. 根据给出的视图，画出其余四个基本视图。

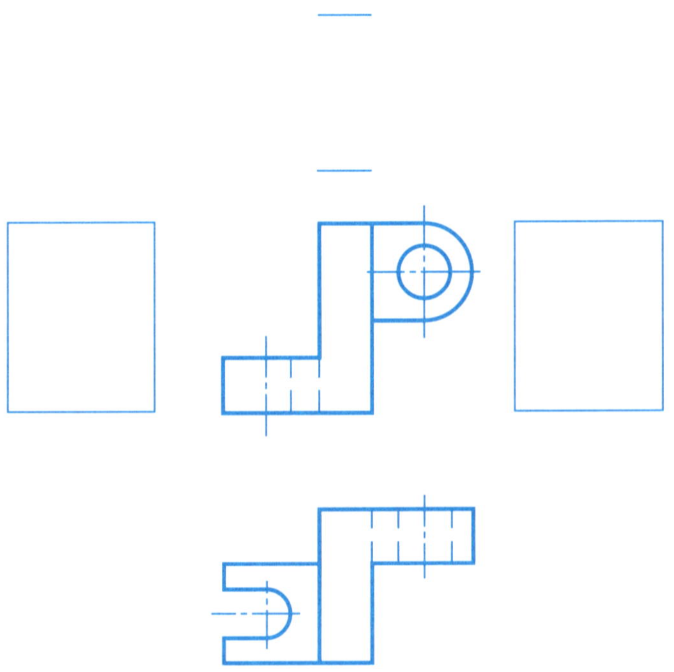

2. 画出 *A* 向局部视图。

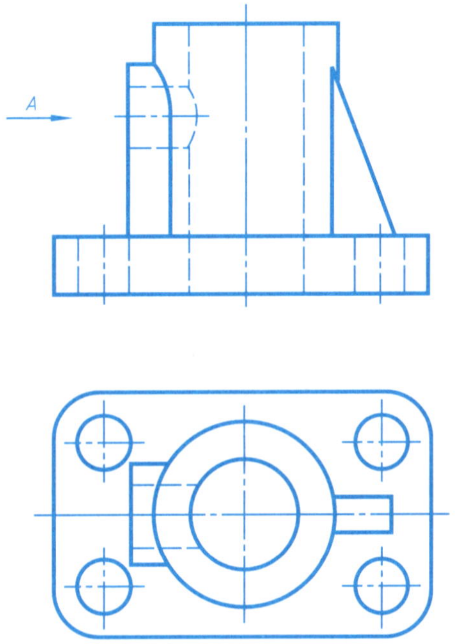

3. 画出 *A* 向斜视图。

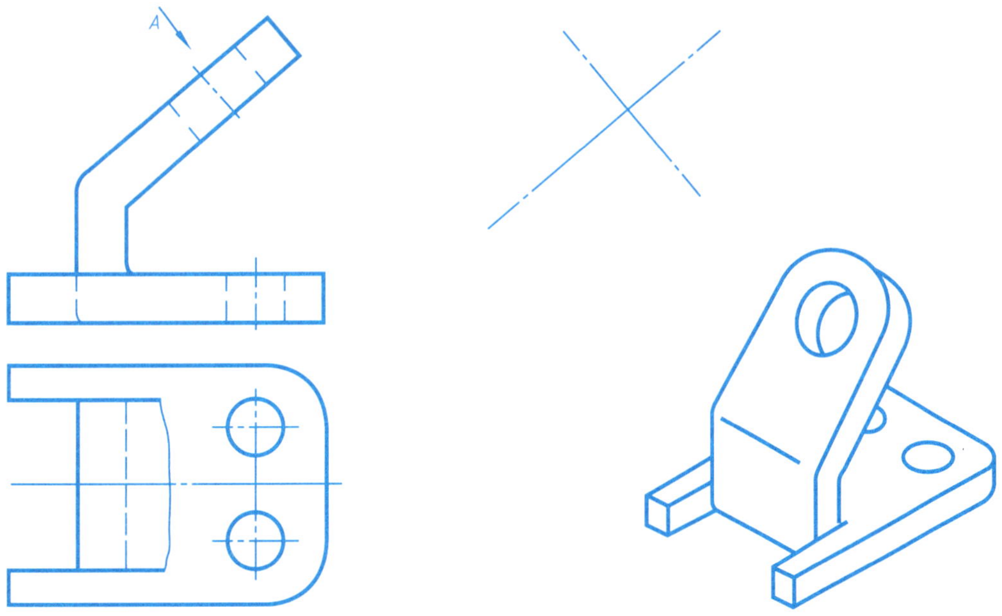

4. 根据所给视图，弄清各视图的名称和投影关系，作出必要的标注。

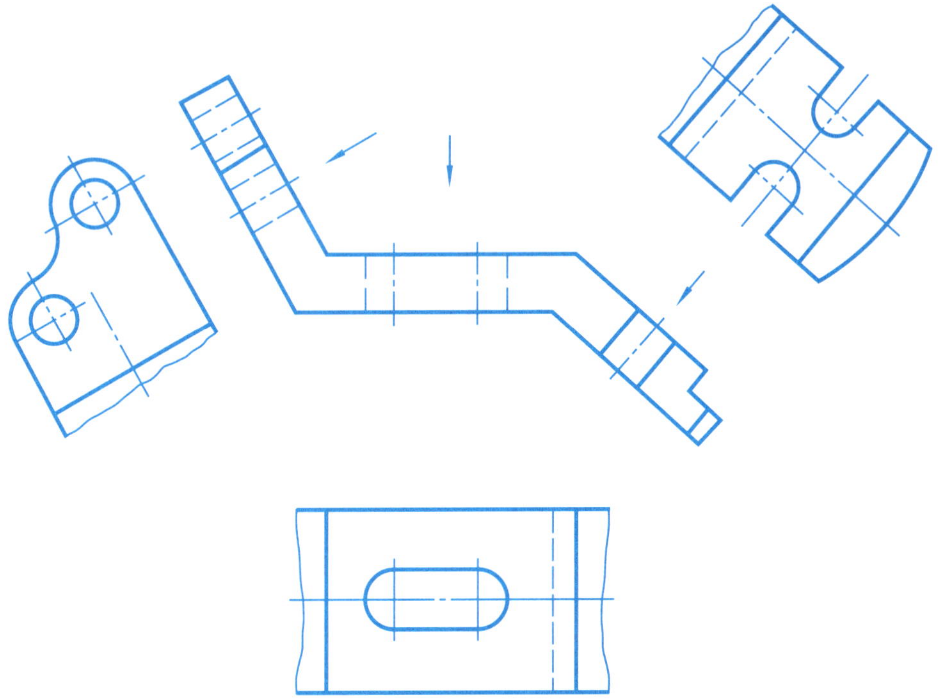

7-2　补画剖视图中缺漏的图线。

1.

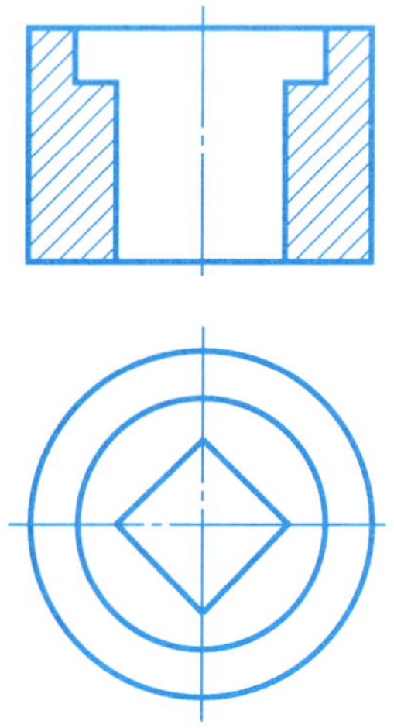

(a)

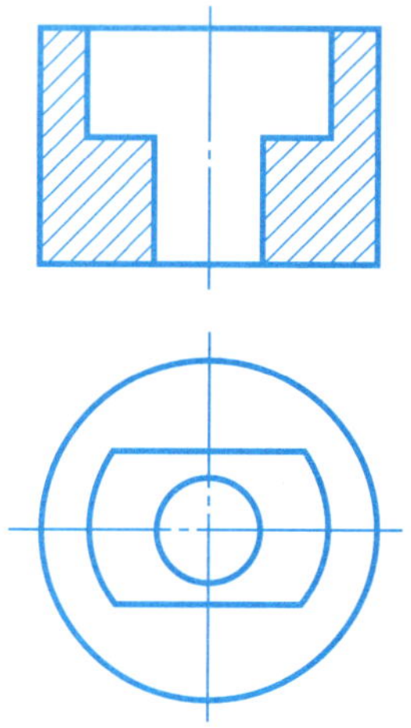

(b)

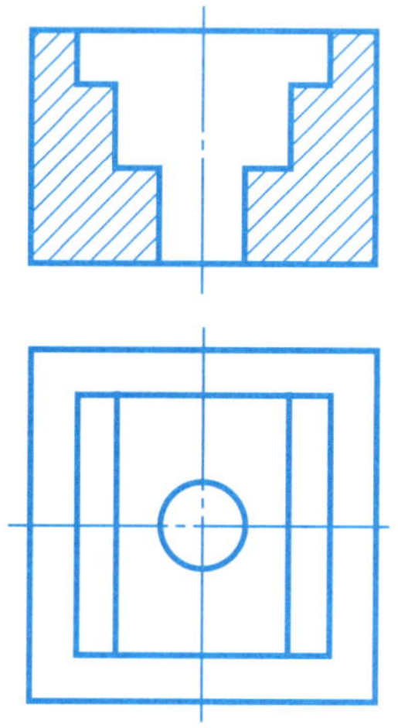

(c)

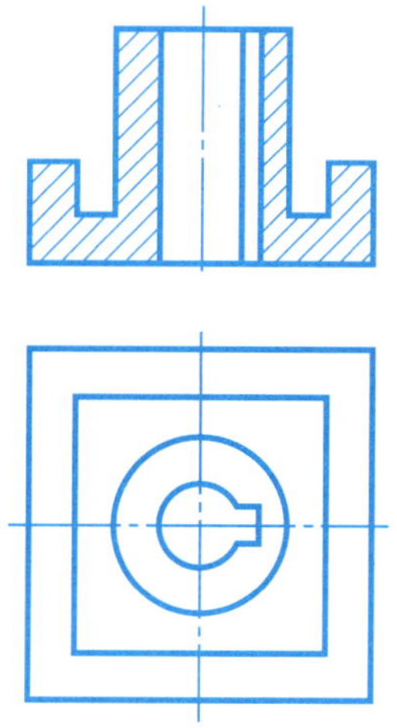

(d)

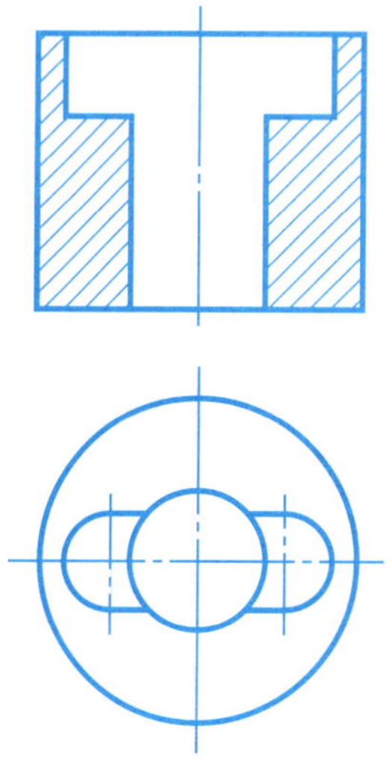

(e)

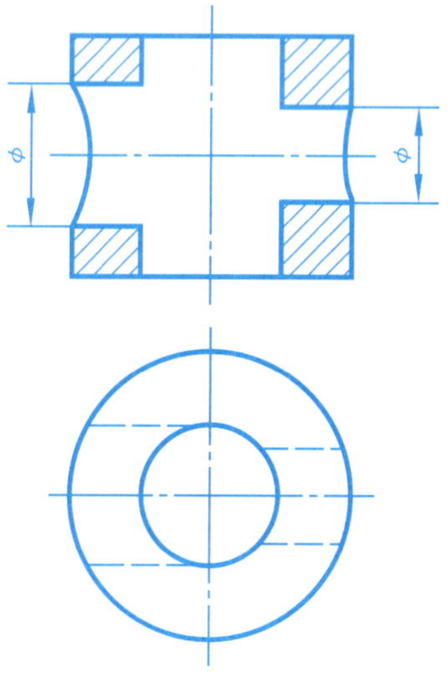

(f)

2.

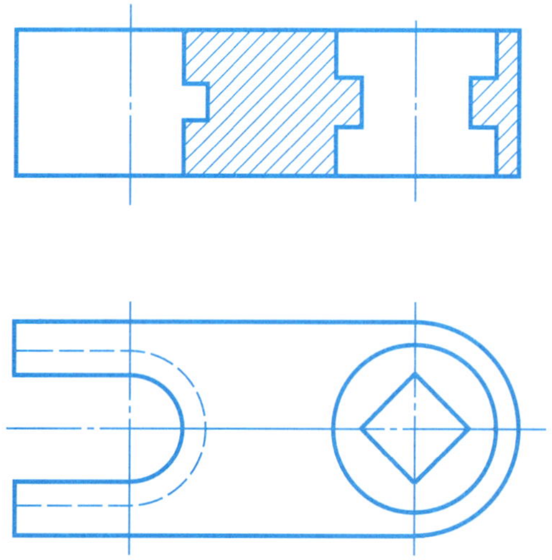

3.

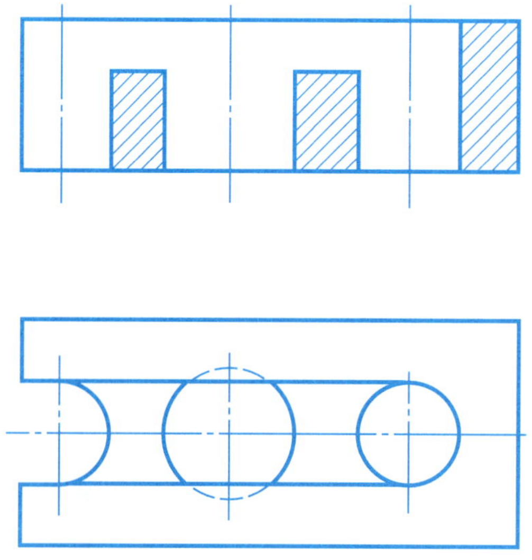

4.

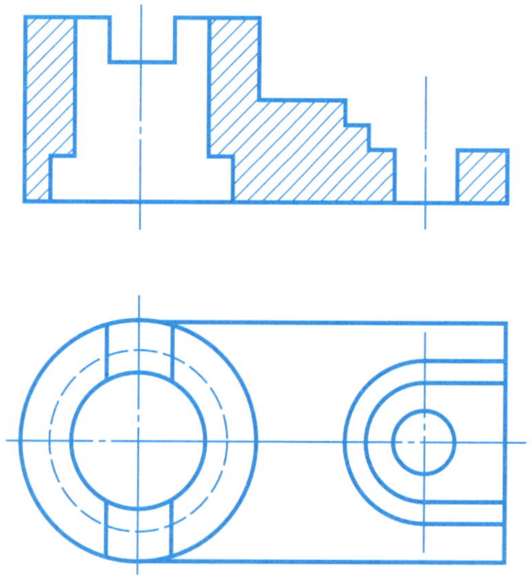

5.

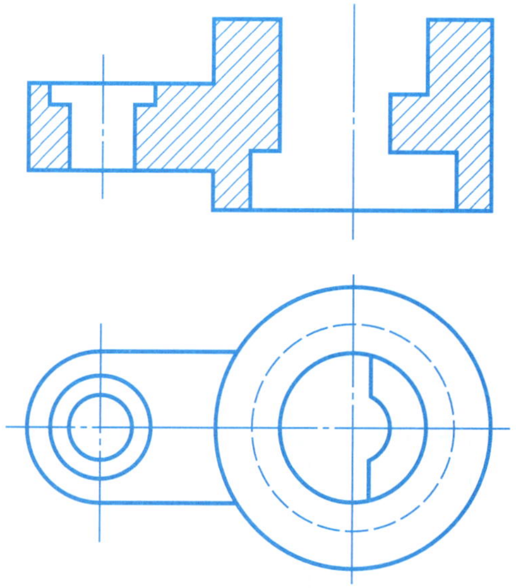

7-3　全剖视图

1. 在指定的位置，将主视图画成全剖视图。

(1)

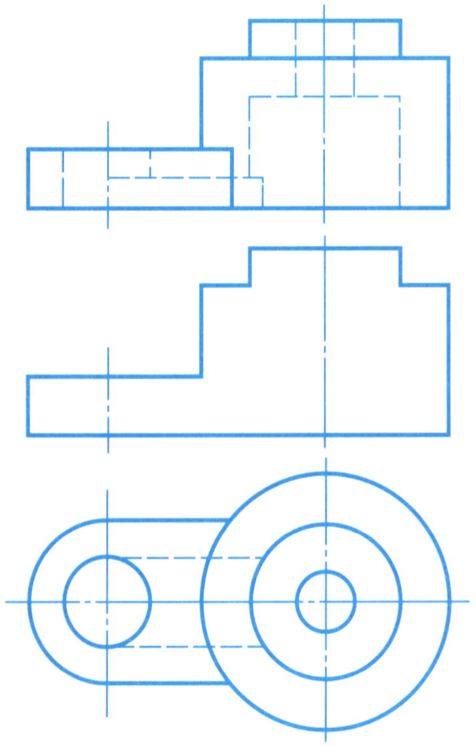

(2)

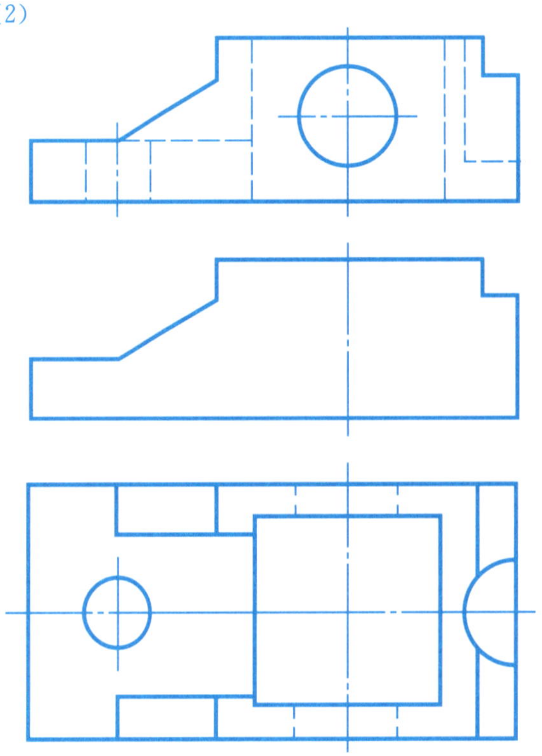

(3)

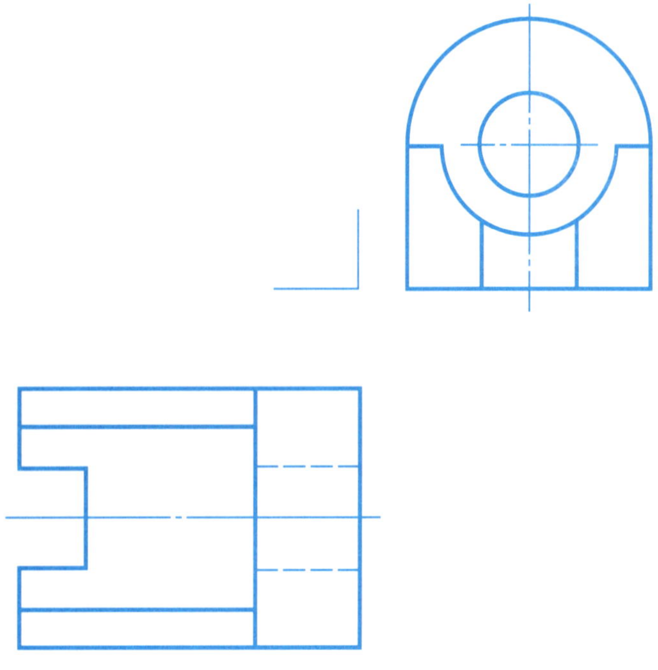

2. 补画全剖的左视图。

(1)

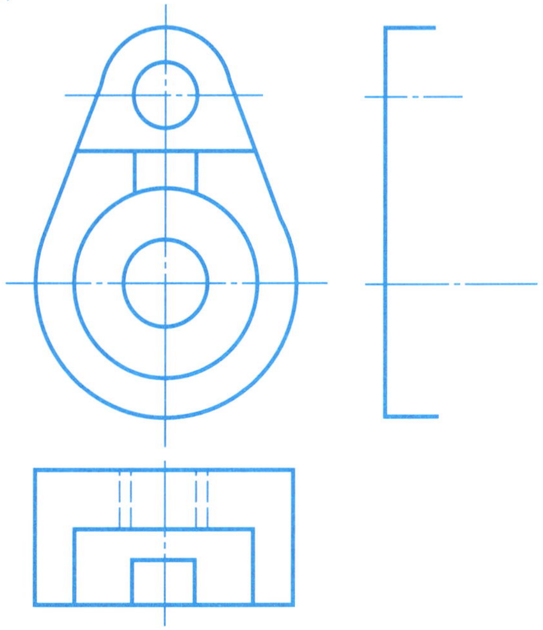

(2)

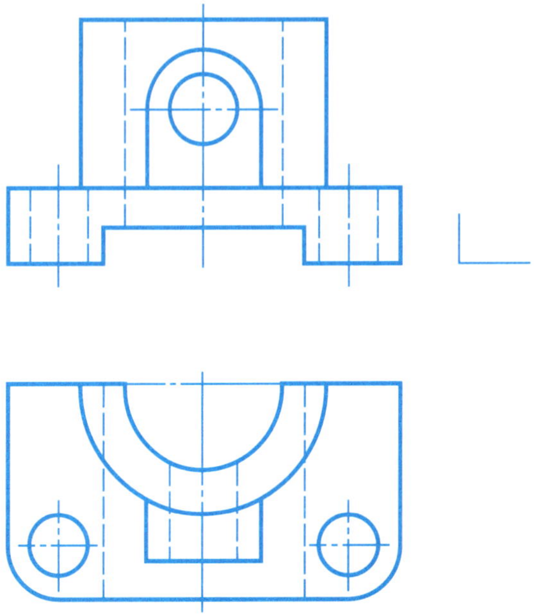

(3)

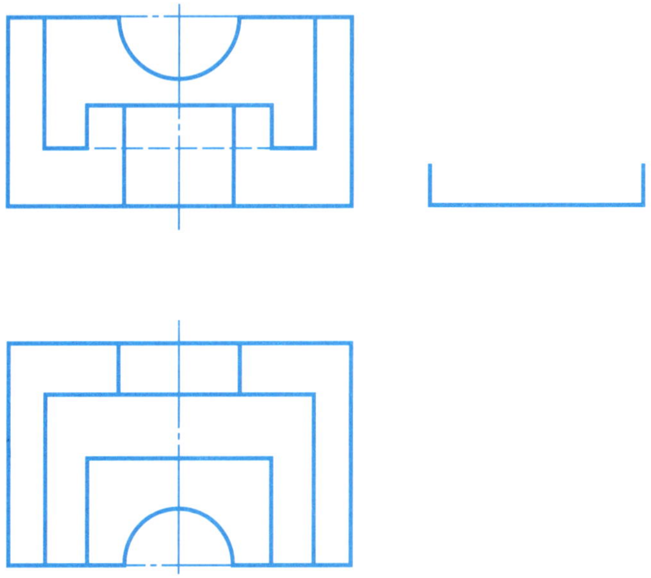

7-4　半剖视图

1. 在指定位置将主视图改画成半剖视图。

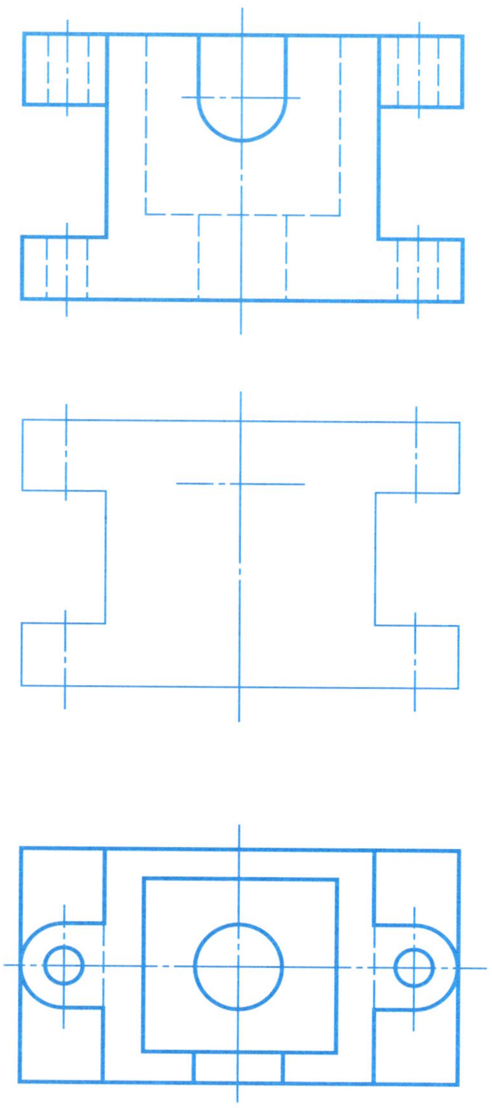

2. 在指定位置将主视图改画成半剖视图。

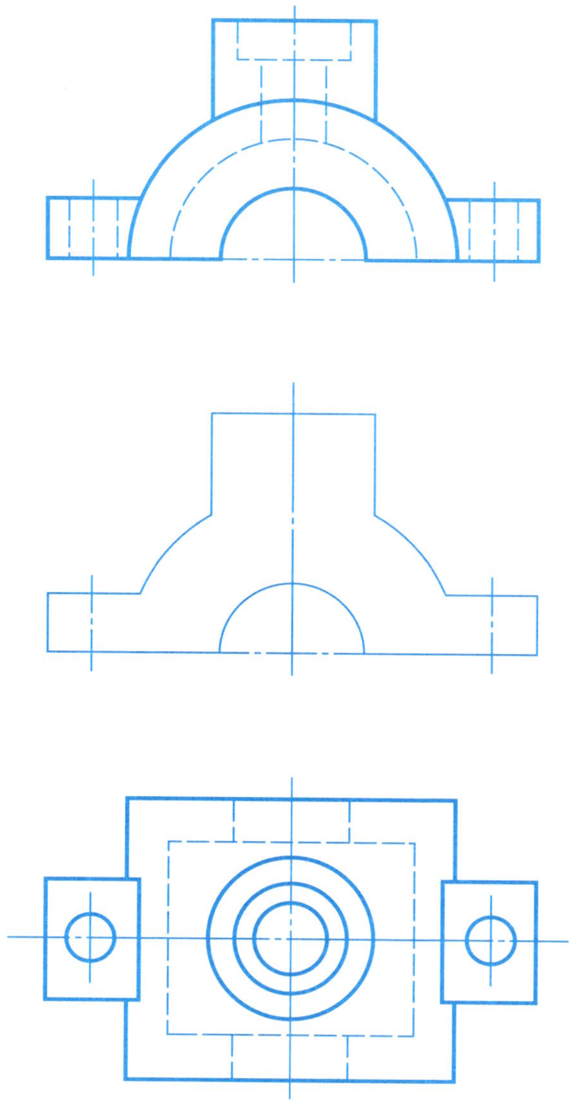

3. 在指定位置将主视图改画成半剖视图。

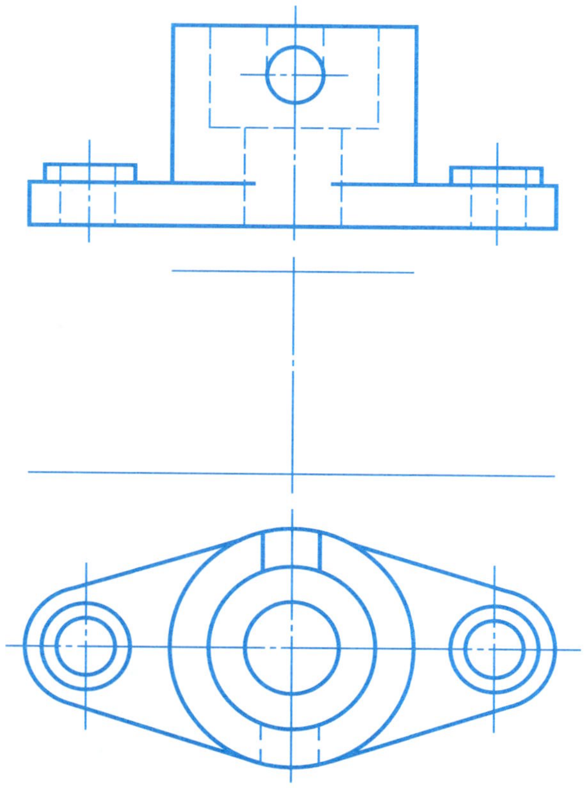

4. 在指定位置将主、俯视图均画成半剖视图，并作必要的标注。

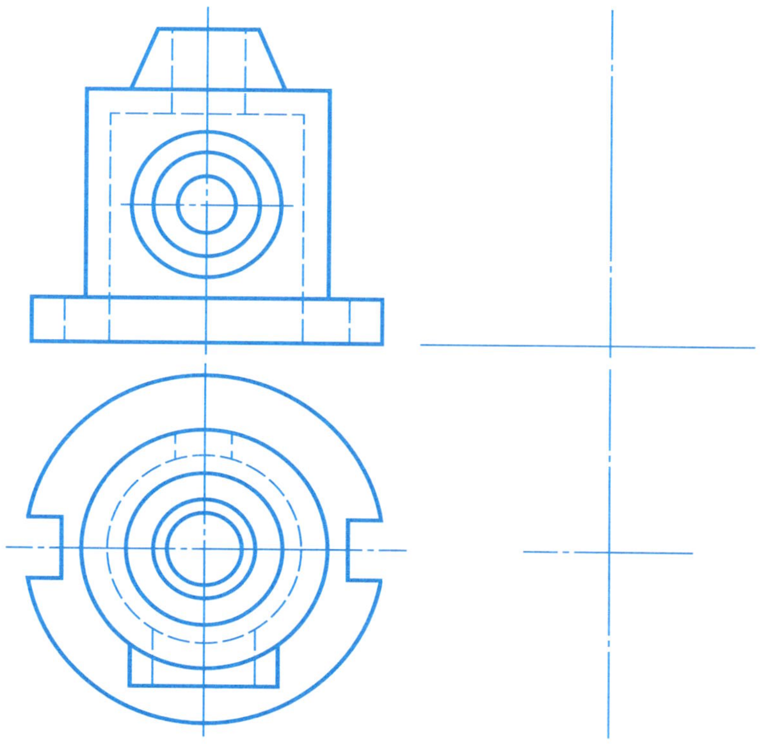

7-5　全剖视图和半剖视图

1. 在指定位置将主视图改画成全剖视图，补画半剖视的左视图。

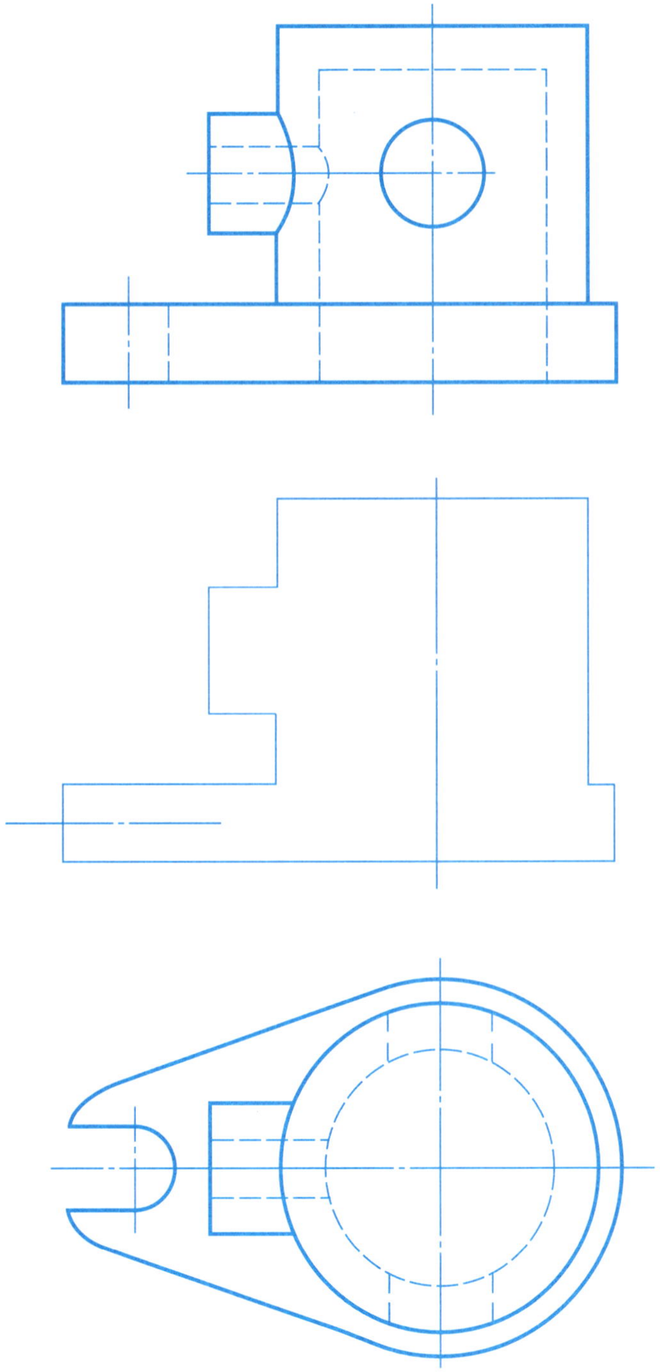

2. 在指定的位置将主视图改画成半剖视图，并补画全剖视的左视图。

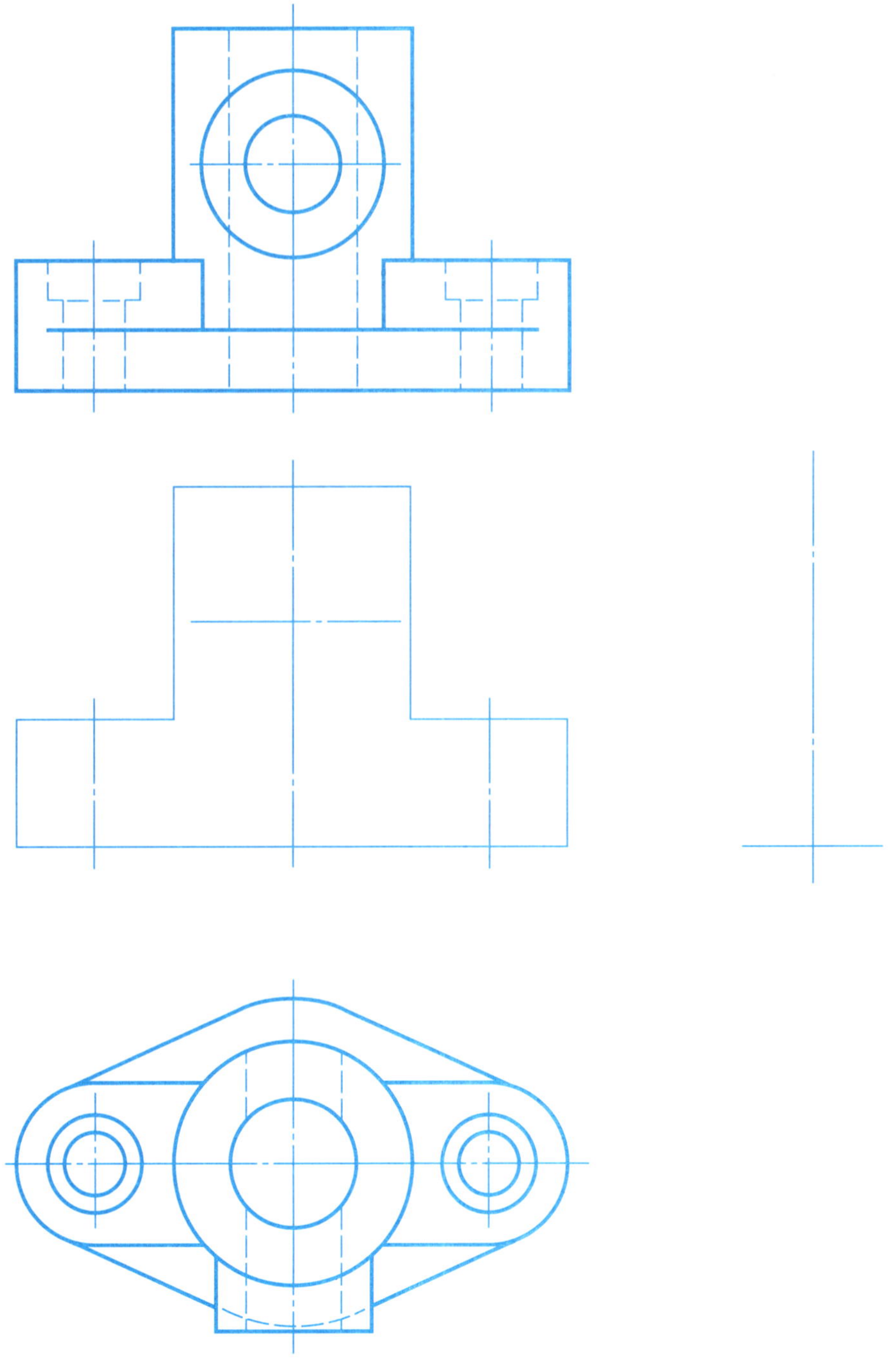

7-6 局部剖视图

1. 将下面的视图画成适当的局部剖视图，(多余的图线打“×”号)。

(1)

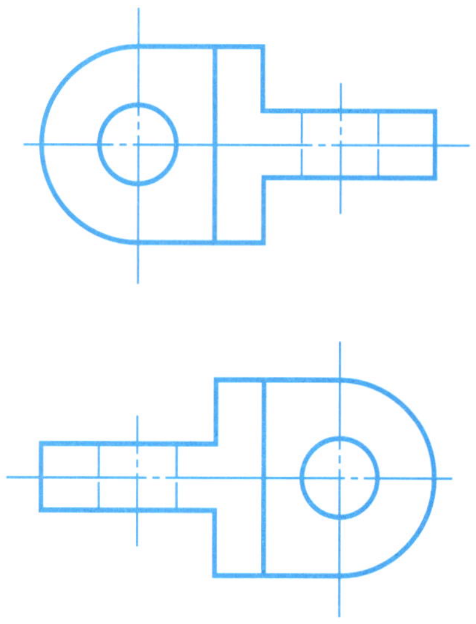

(3)

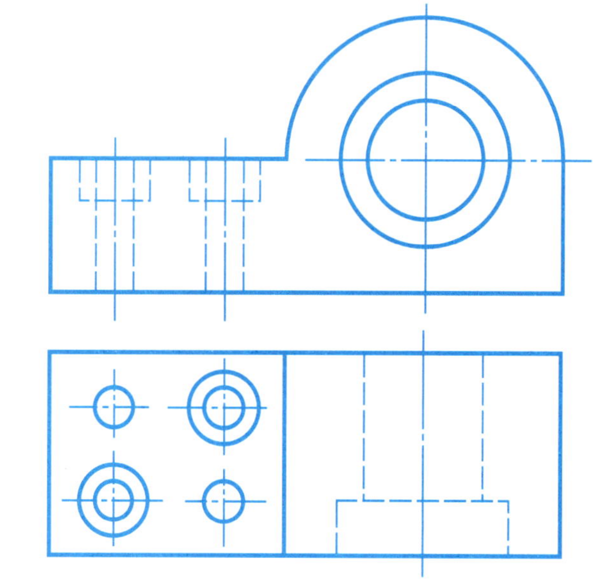

(2)

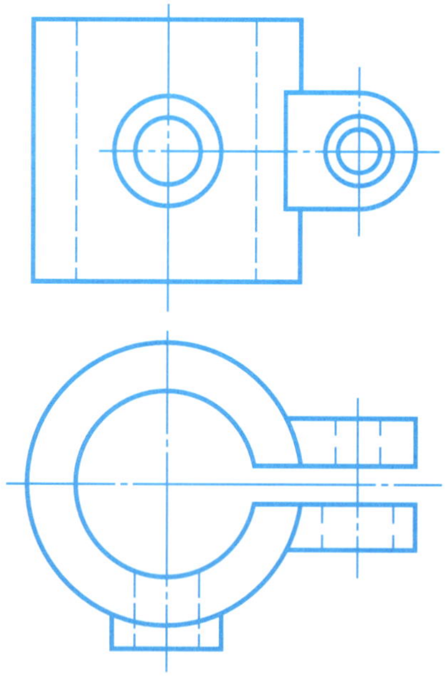

(4)

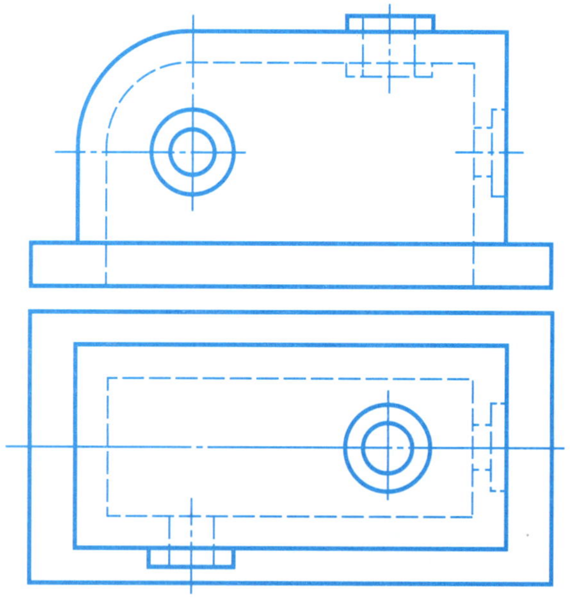

2. 改正局部剖视图中的错误，将正确的画在下方指定位置。

(1)

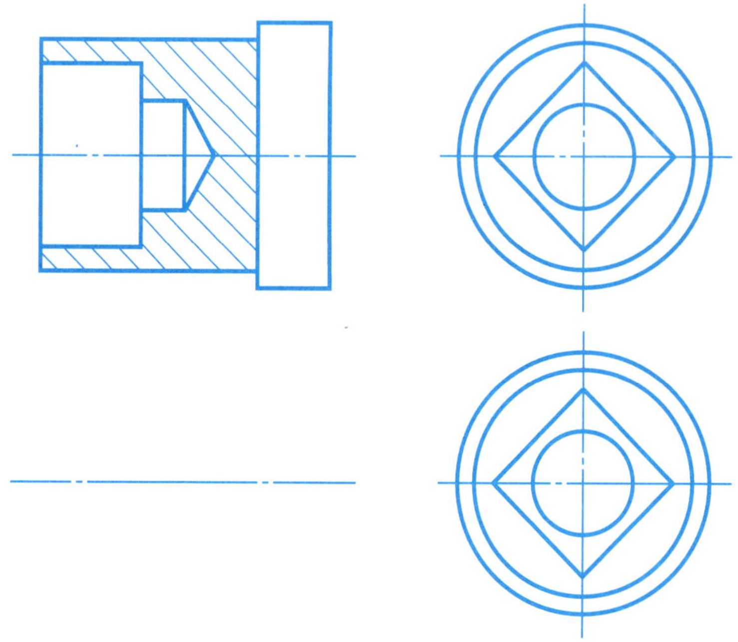

(2)

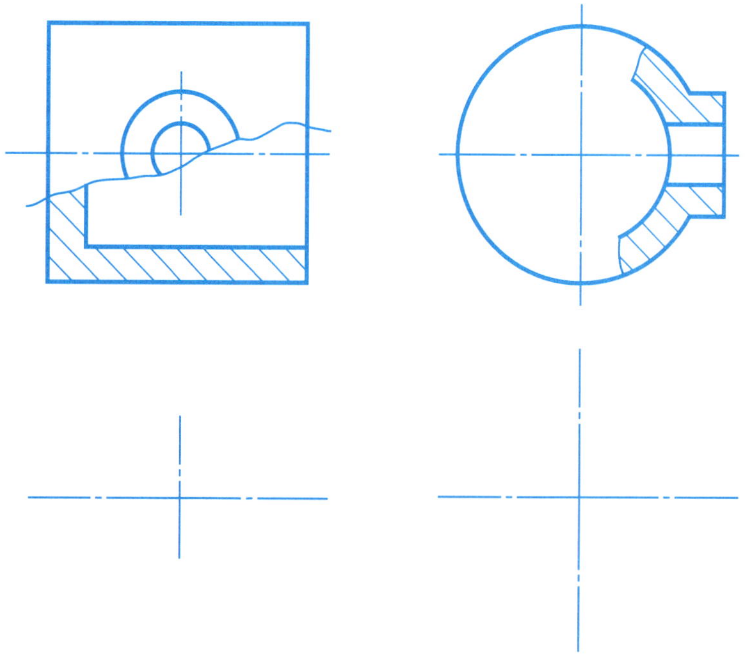

7-7　将下列机件按要求进行剖切后，画出剖视图。

1. 画出 B—B 剖视图。

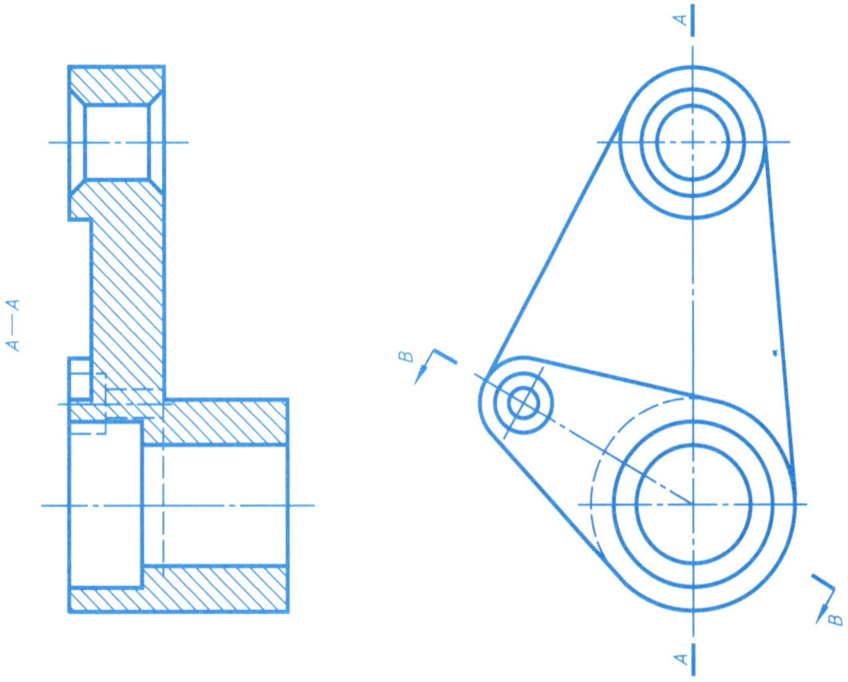

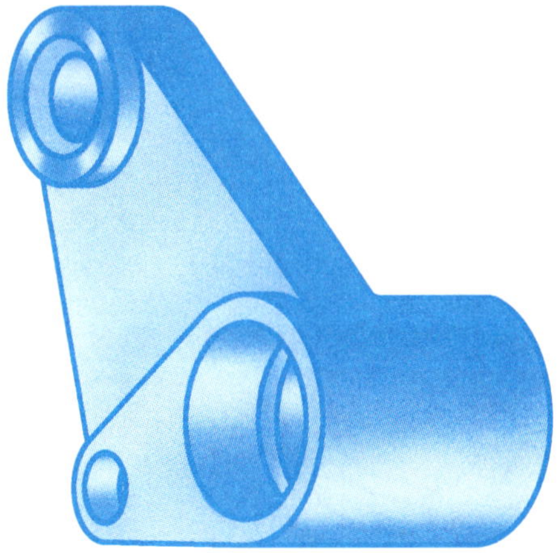

2. 在指定位置画出用几个平行的剖切平面剖切的剖视图，并加以剖视标注。

(1)

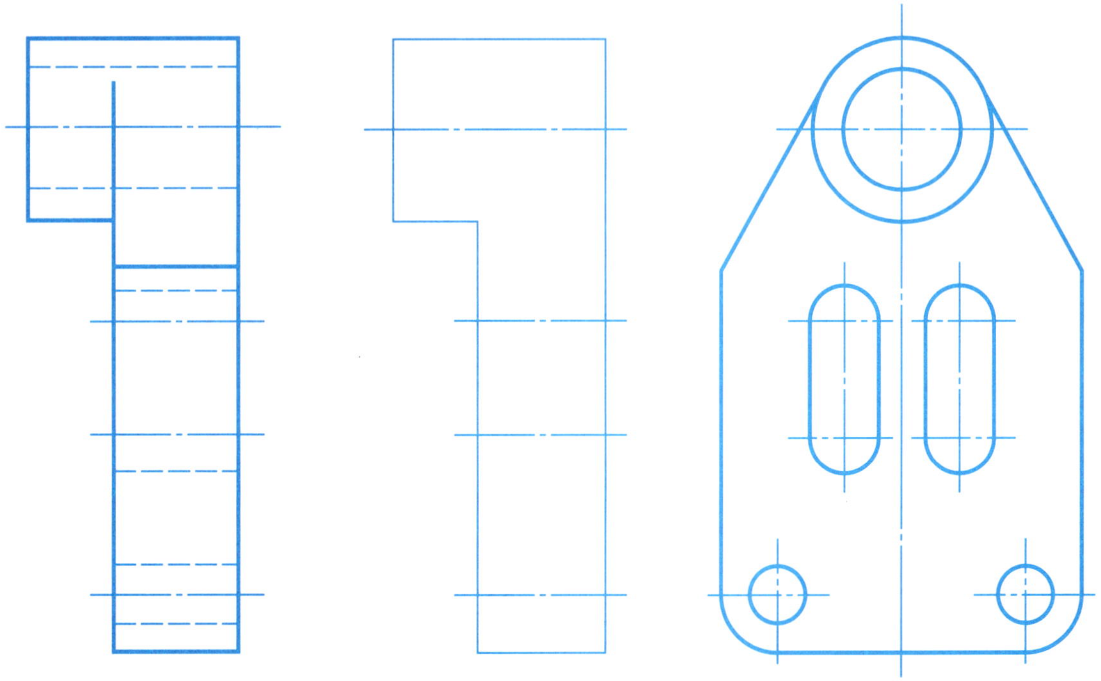

(2)

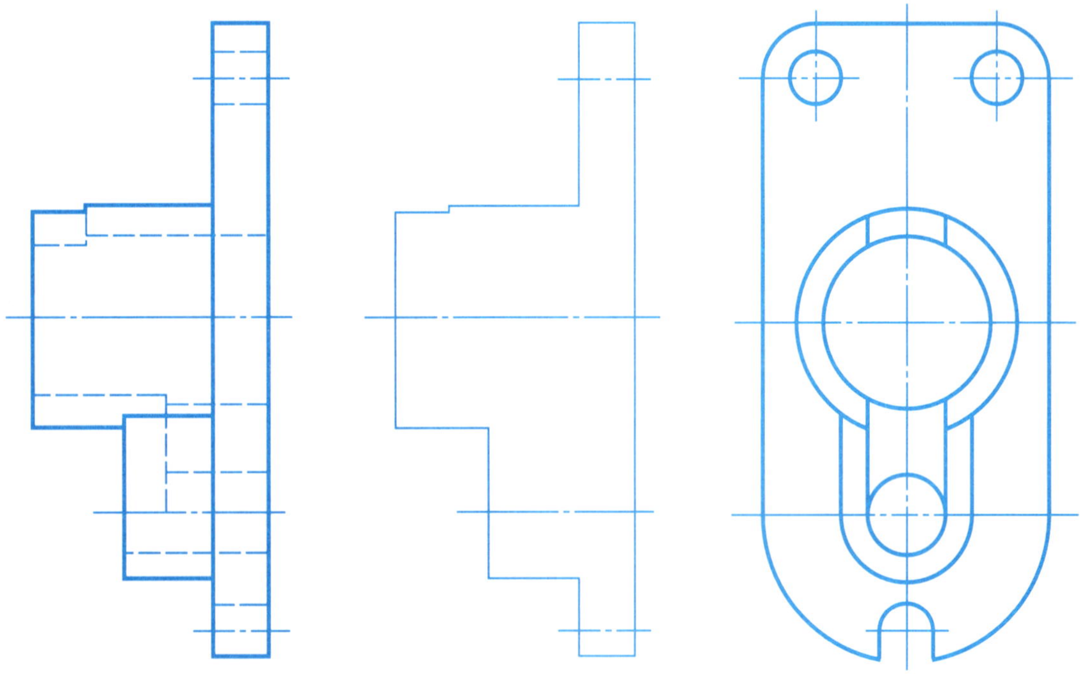

7-8　将下列视图按要求改画成剖视图。

1. 在指定位置画出用相交两剖切平面剖切的全剖视图。

（1）

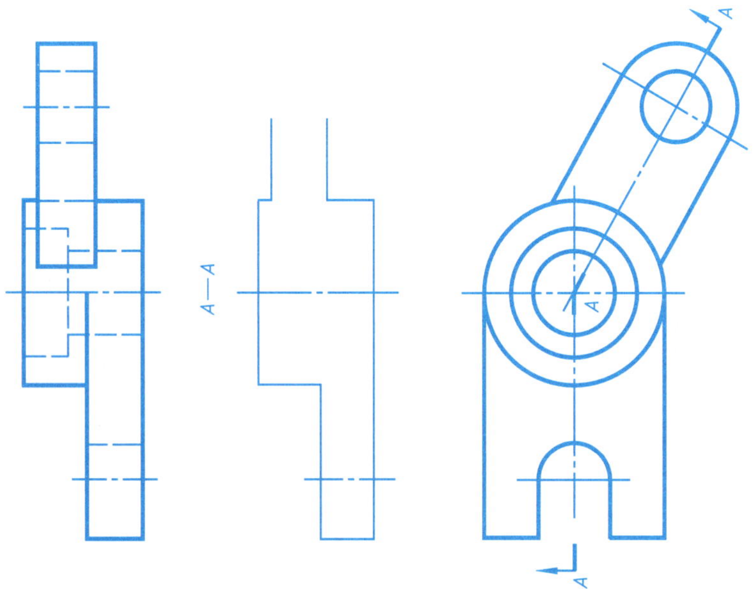

（2）

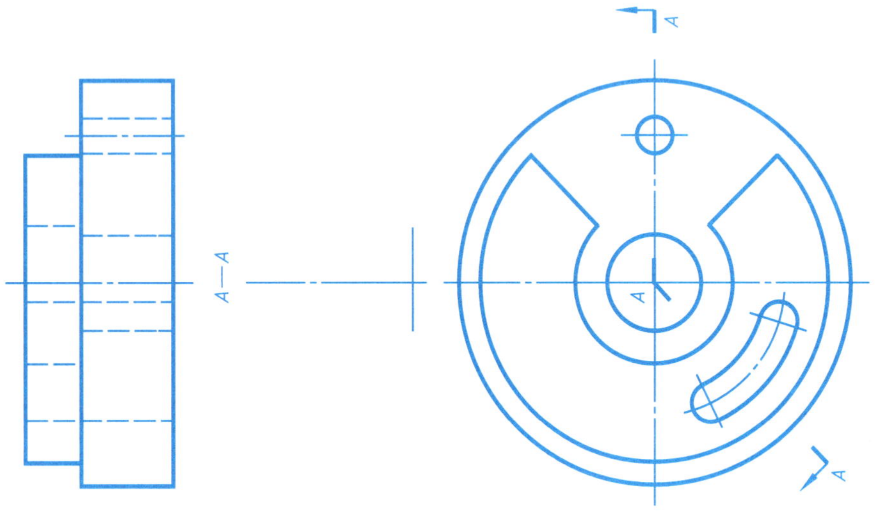

2. 画全 *B*—*B* 全剖视图。

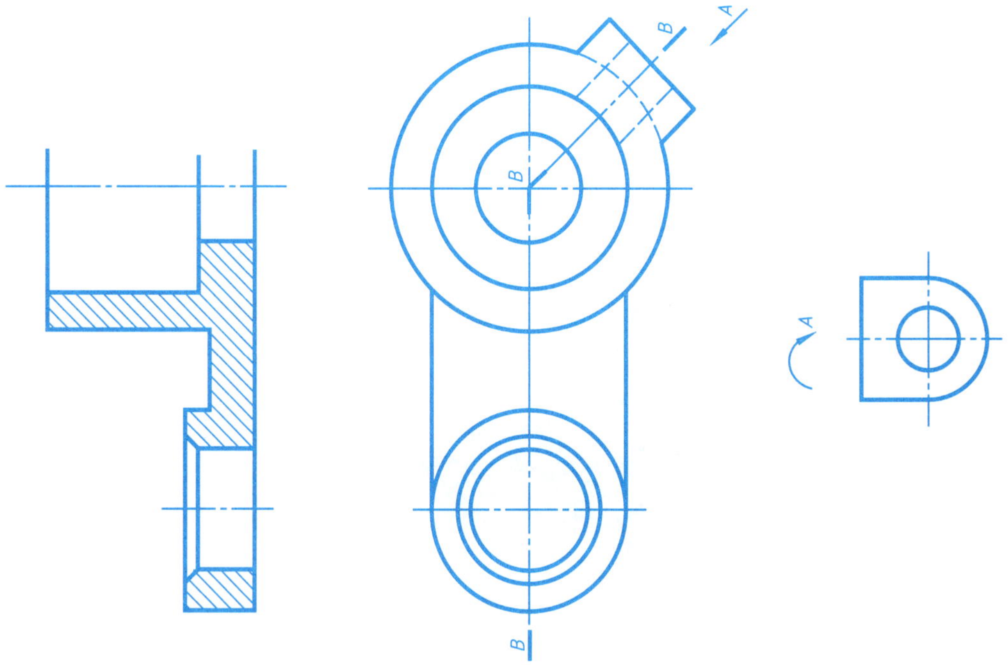

3. 在指定位置画出用几个相交的剖切平面剖切的 *A*—*A* 全剖视图。

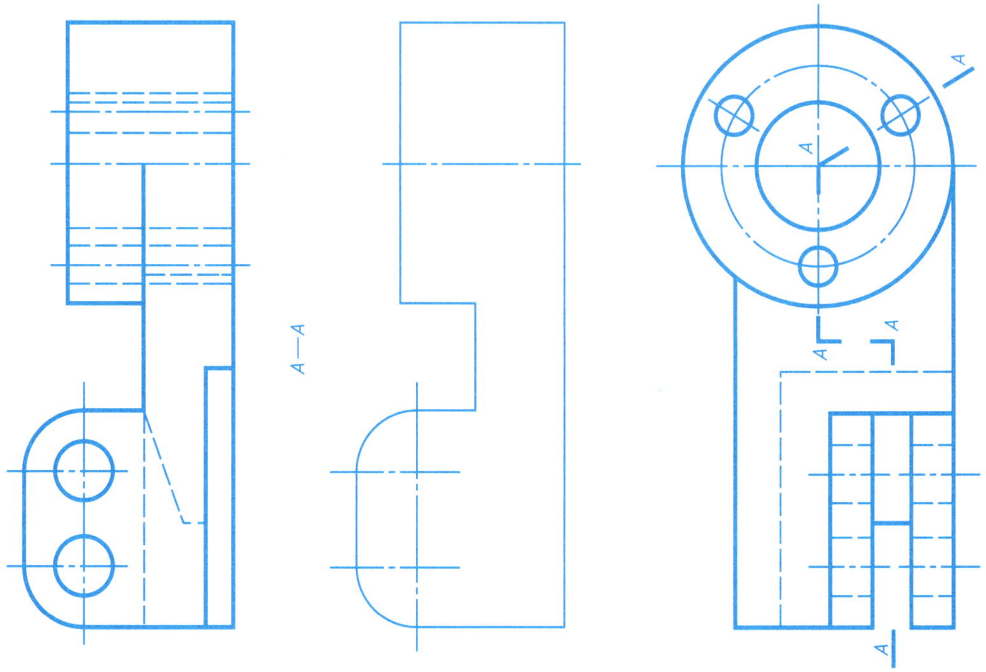

7-9　断面图和简化画法

1. 在指定位置画出移出断面图。

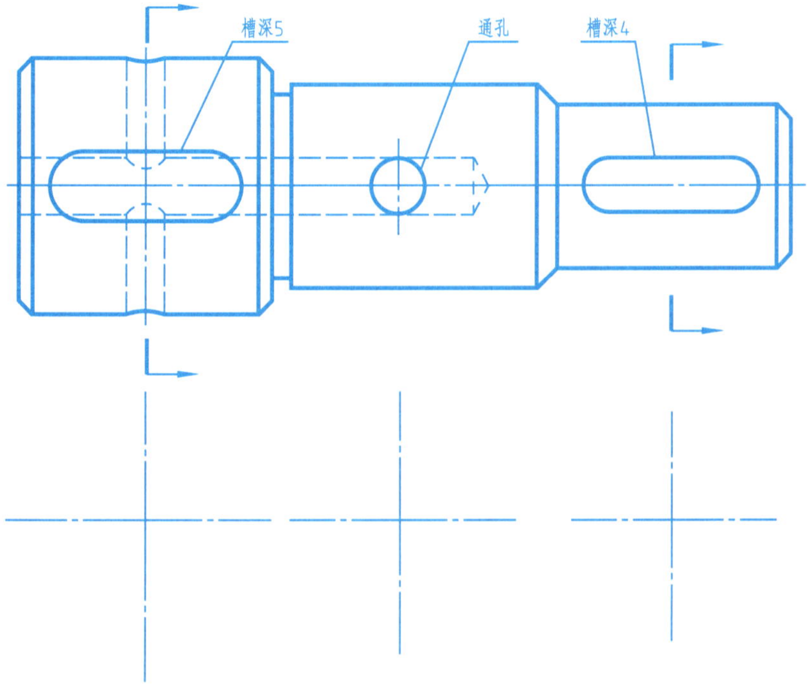

2. 在指定位置画出移出断面图。

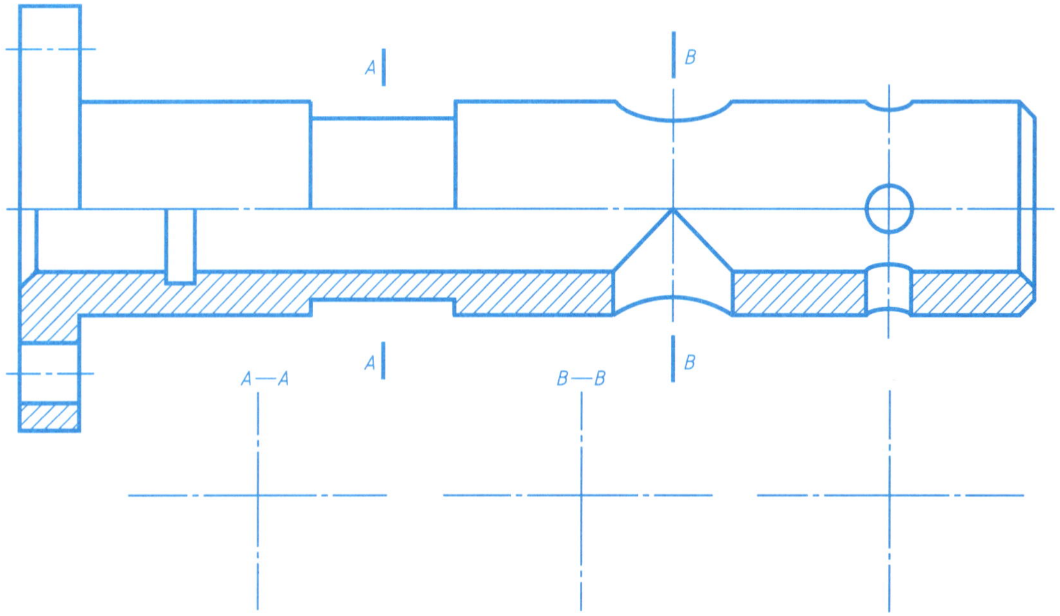

3. 画出 *B*—*B* 重合断面图和 *C*—*C* 移出断面图。

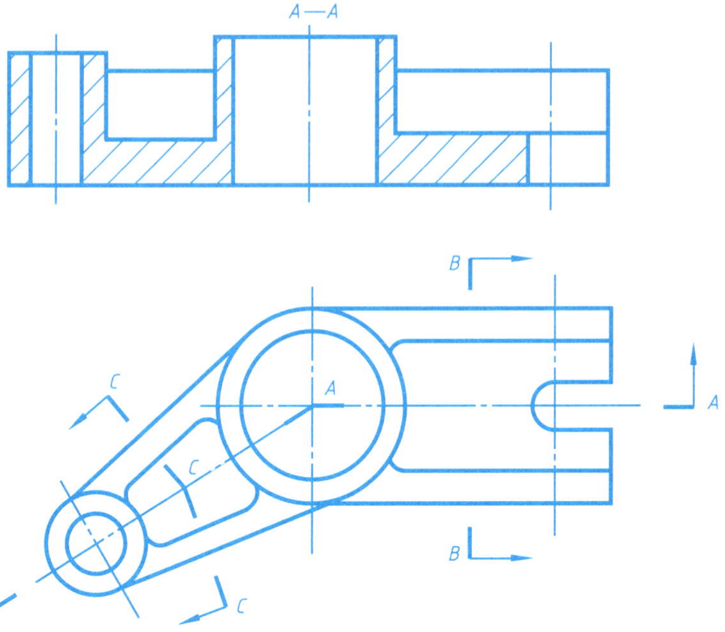

4. 根据规定画法和简化画法改正剖视图中的错误，在指定位置画出正确的剖视图。

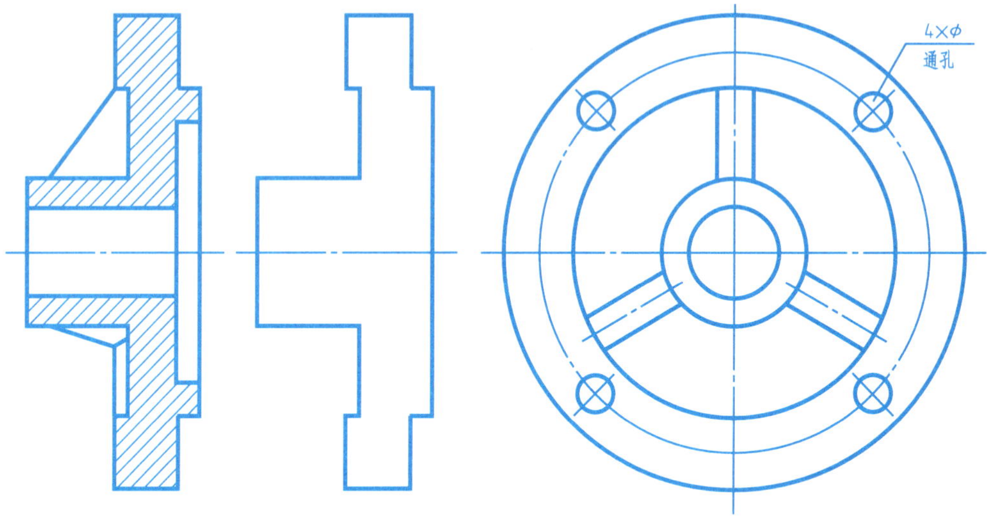

7-10　根据轴测图，按适当的绘图比例用徒手图表达下列机件（任选其中一个）。

（1）

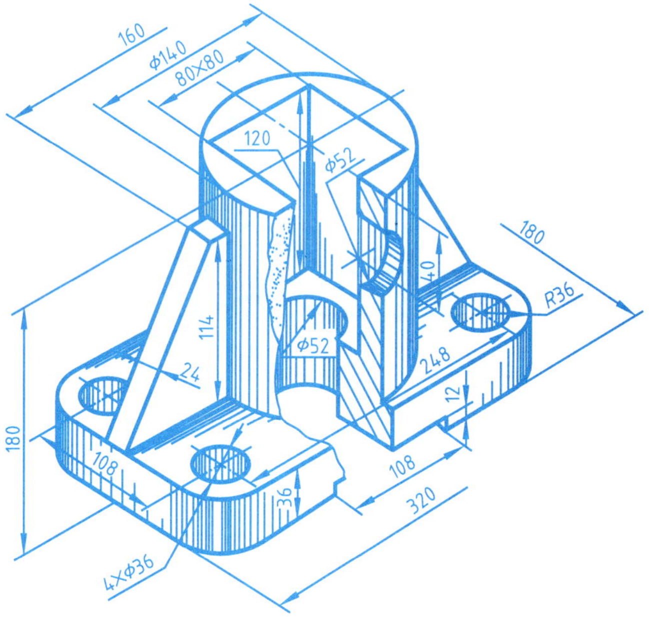

（2）

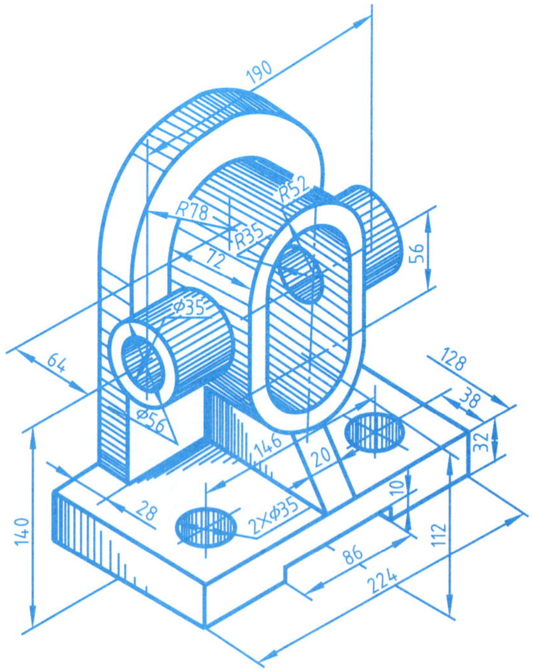

7-11　看懂下列视图，在 A3 图纸上按适当的绘图比例重新表达机件（任选其中一个）。

（1）

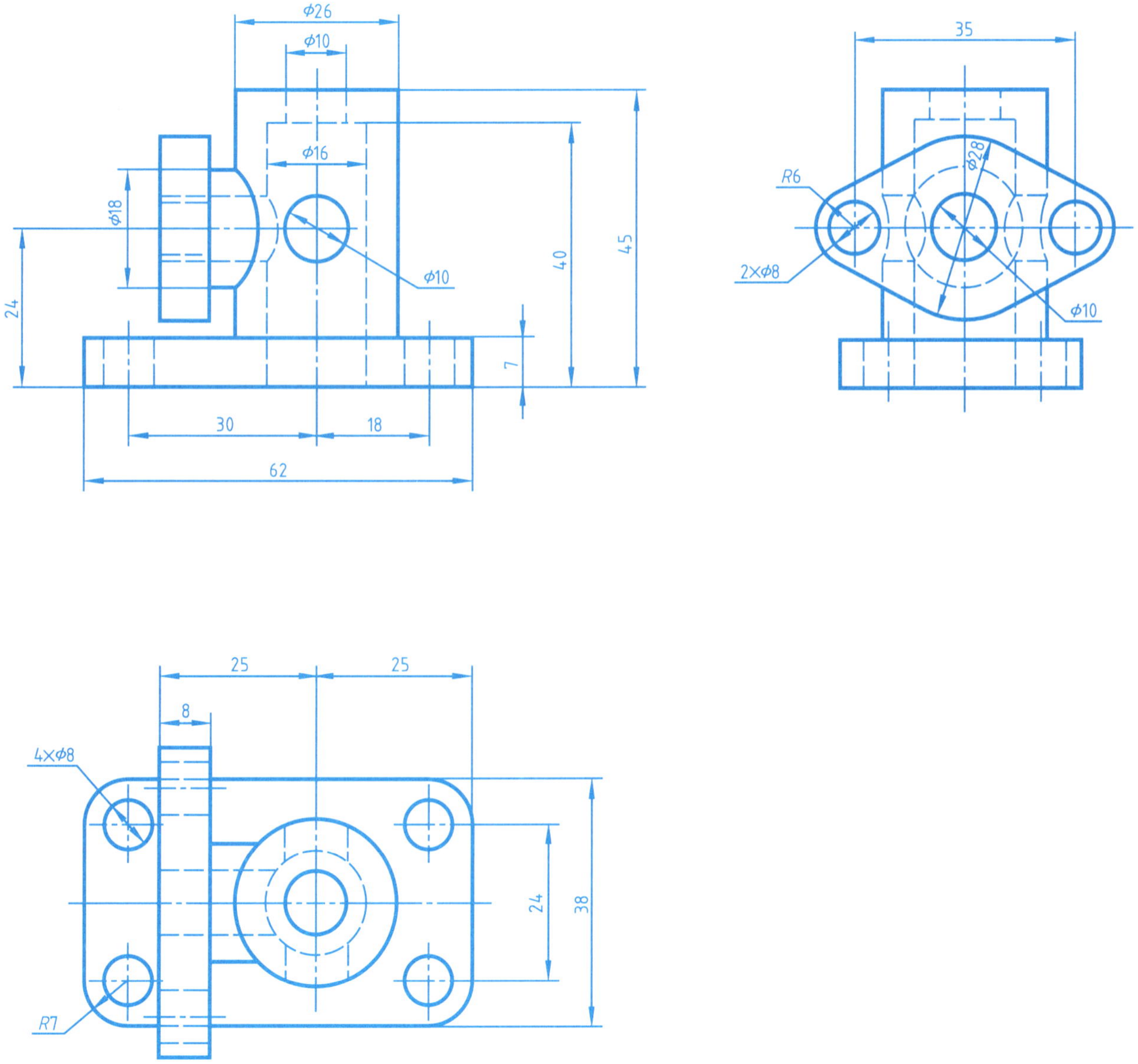

（2）

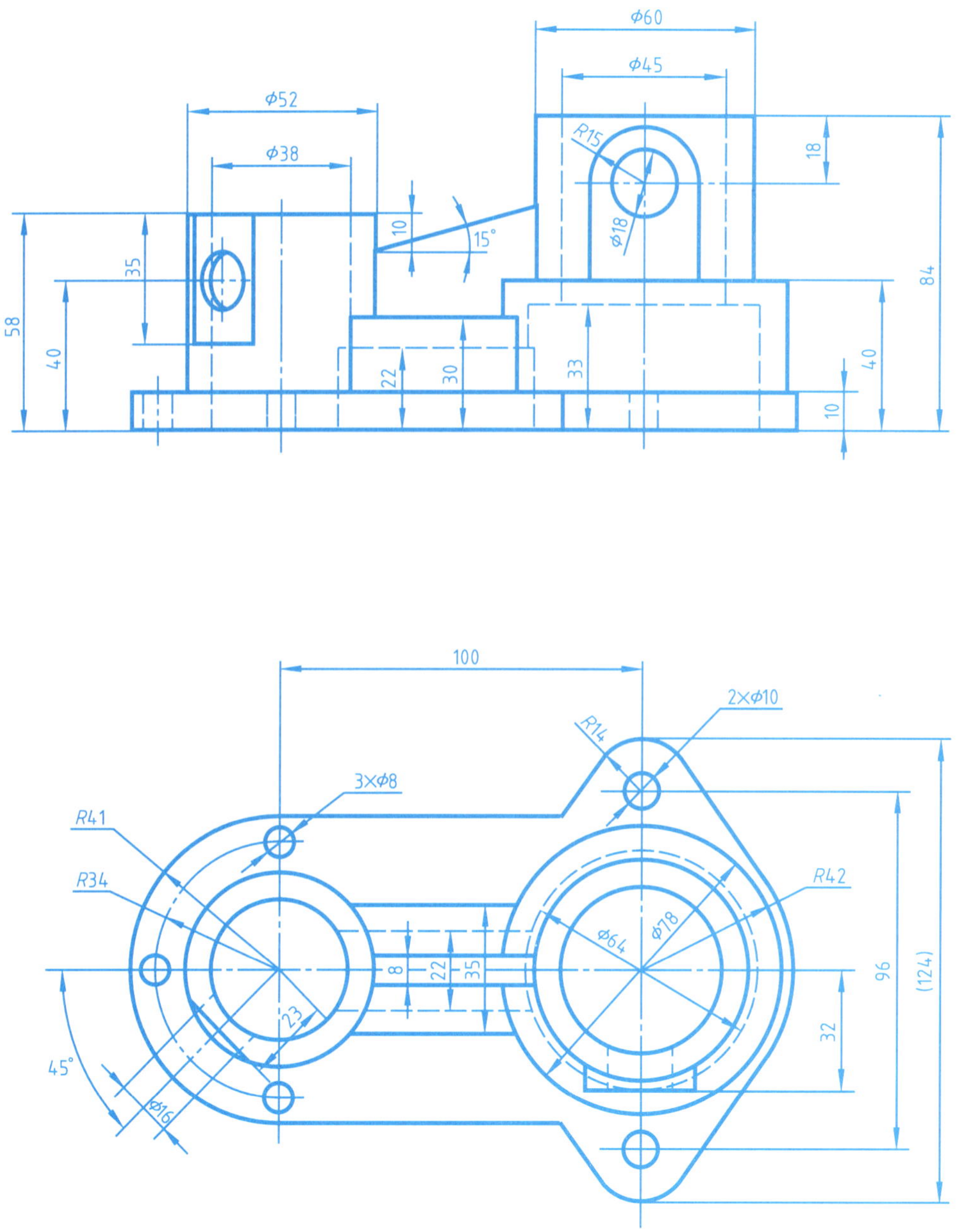

8-1　分析下列螺纹画法中的错误，在指定位置将其正确画出。

1.

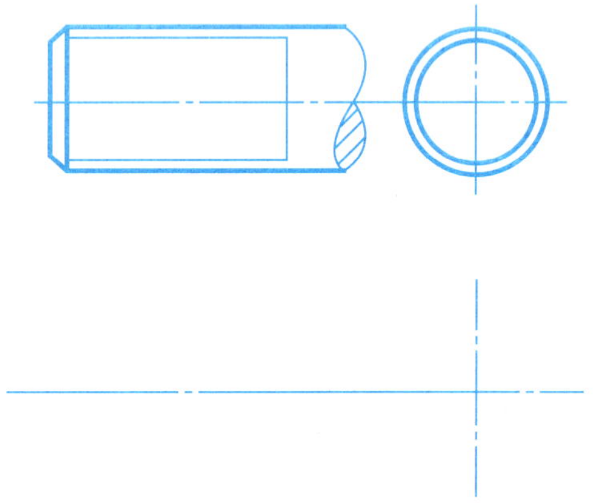

2.

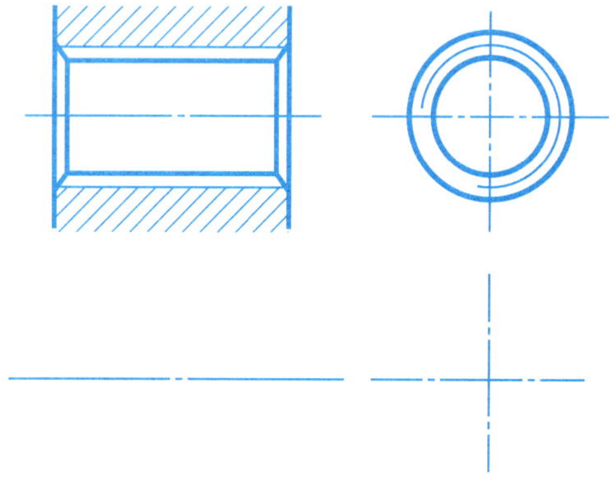

3.

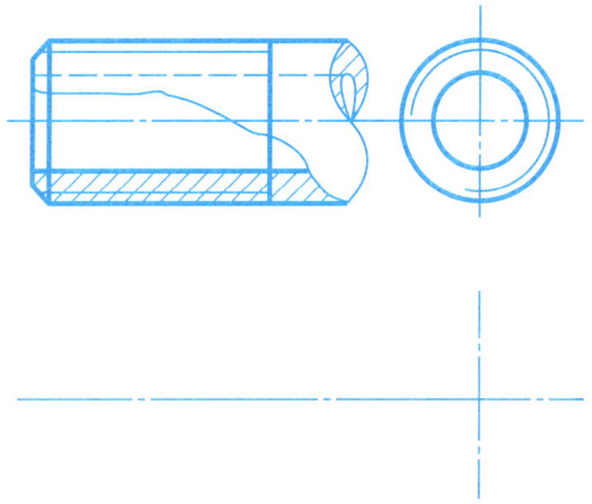

4.

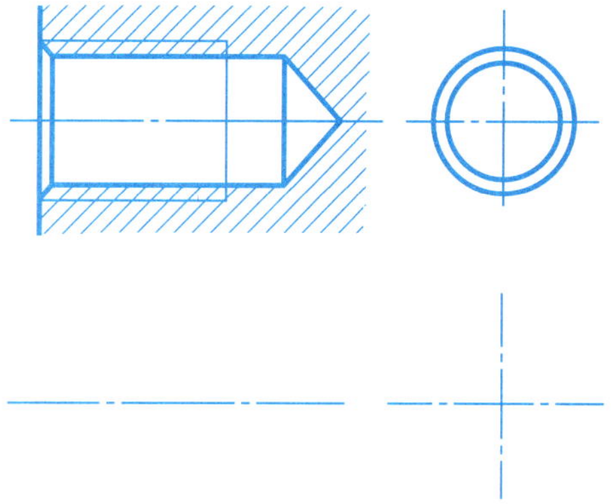

5.

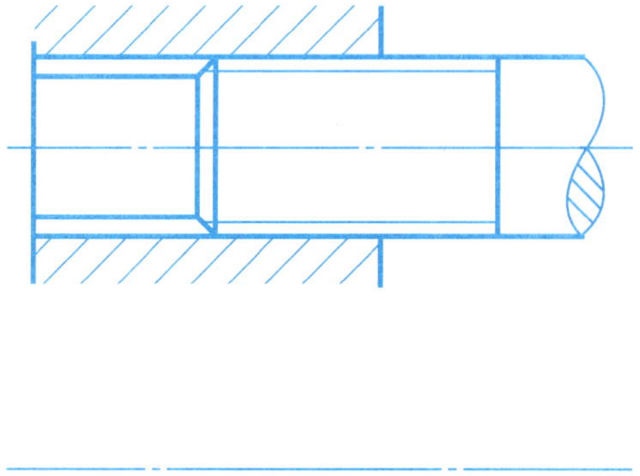

6.

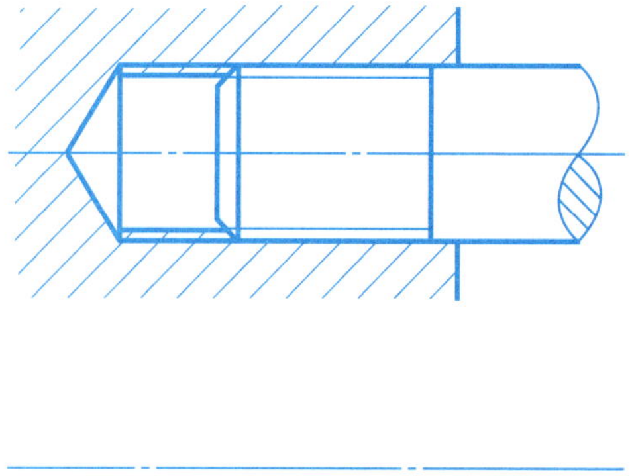

8-2　根据给定的螺纹数据，在图上作出正确的螺纹标记。

1. 细牙普通螺纹，大径 24mm，螺距 1.5mm，右旋，螺纹公差带代号：中径为 5g，顶径为 6g。

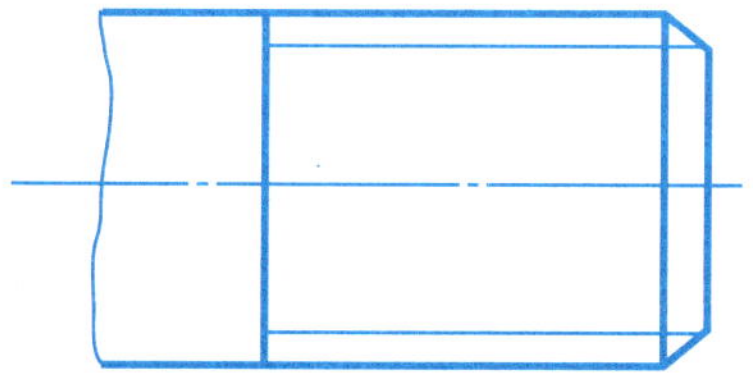

2. 粗牙普通螺纹，大径 24mm，螺距 3mm，右旋，螺纹公差带代号：中径、顶径均为 6H。

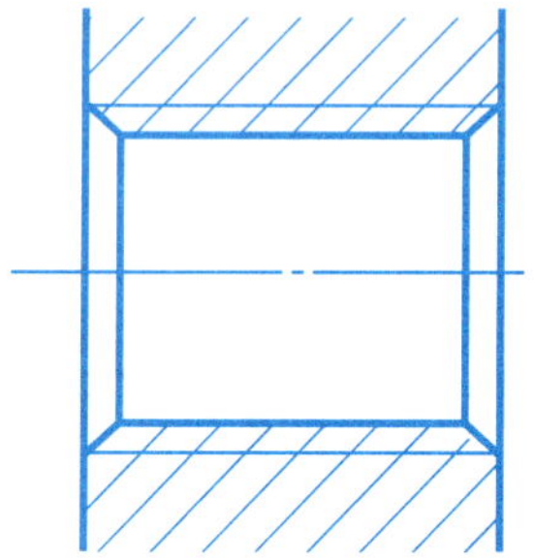

3. 梯形螺纹，大径 26mm，螺距 5mm，双线，右旋，螺纹公差带代号：中径为 7e，旋合长度为 *L*。

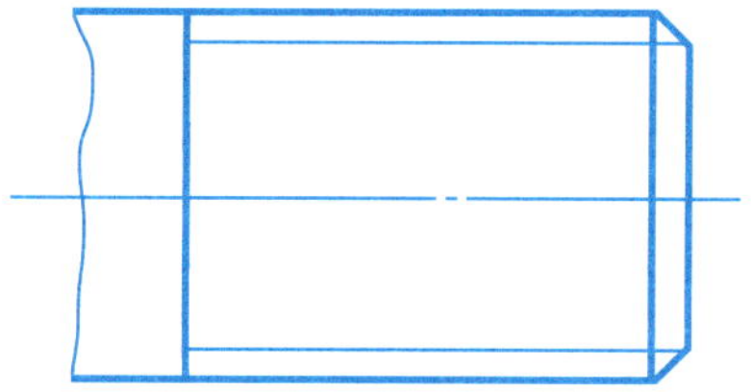

4. 非螺纹密封的管螺纹，尺寸代号 3/4，公差等级 A。

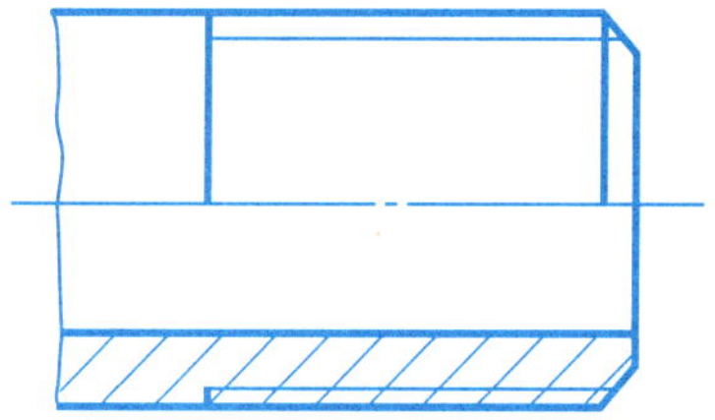

5. 用螺纹密封的管螺纹，尺寸代号 3/4。

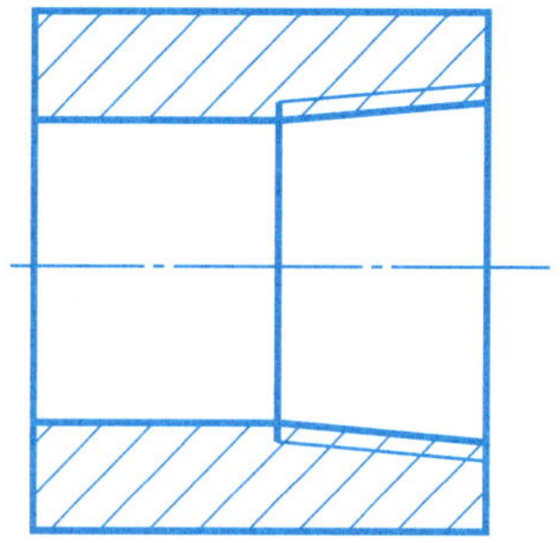

6. 与圆锥内螺纹相连接的螺纹密封的管螺纹，尺寸代号 3/4。

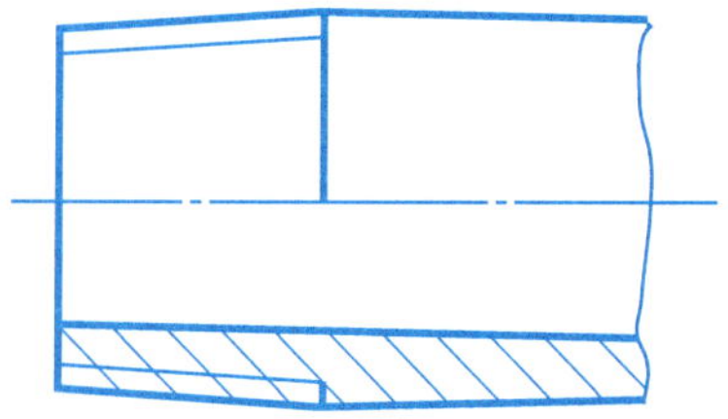

8-3 补画螺纹连接图中所缺图线（注意补全剖面线）。

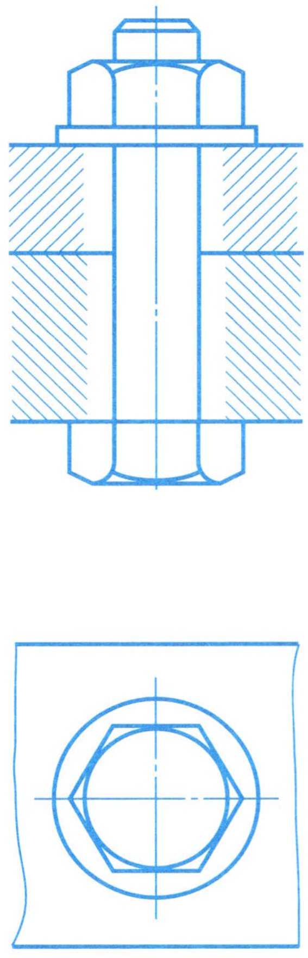

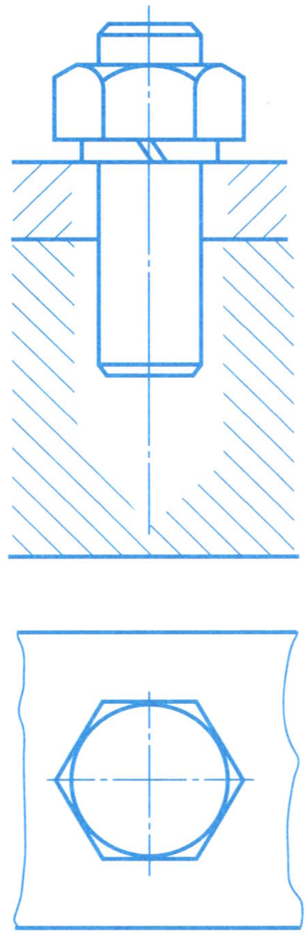

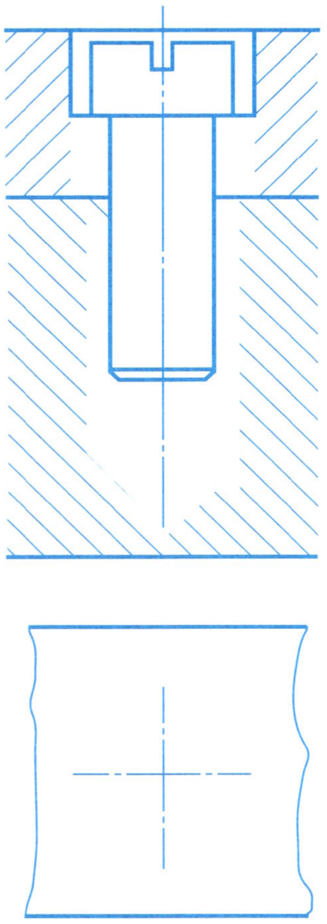

8-4 根据要求完成螺纹连接图。

1. 采用 M16 的螺栓（GB/T 5780）、螺母（GB/T 6170）、垫圈（GB/T 97.2）连接零件 1 和 2，确定螺栓的公称长度 L，完成其主、俯视图。

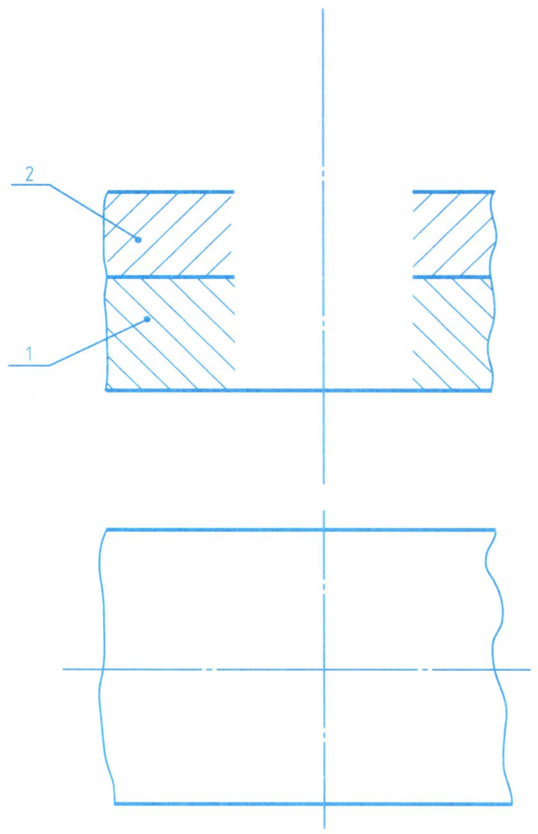

2. 采用 M20 的 A 型螺柱（GB/T 898）、螺母（GB/T 6170）、垫圈（GB/T 93）连接零件 1 和 2，确定螺柱的公称长度 L 和零件 1 的螺孔深度，完成其主视图。

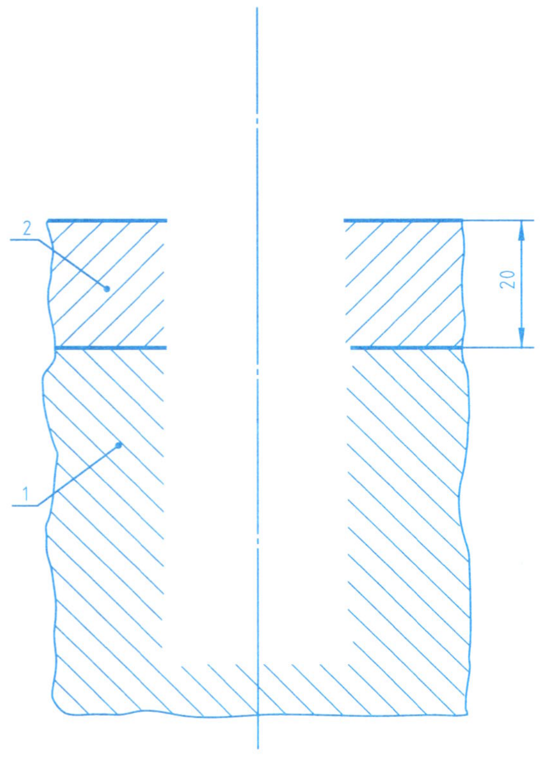

8-5　键、销的画法

1. 查表画出齿轮轴孔的键槽，并标注尺寸。

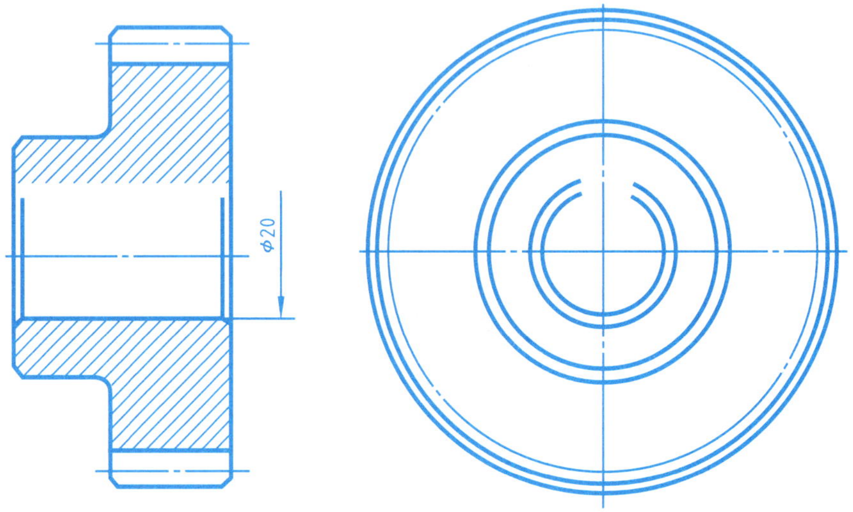

3. 将 1、2 题中的齿轮与轴用键连接，画出其装配图，并写出键的标记。

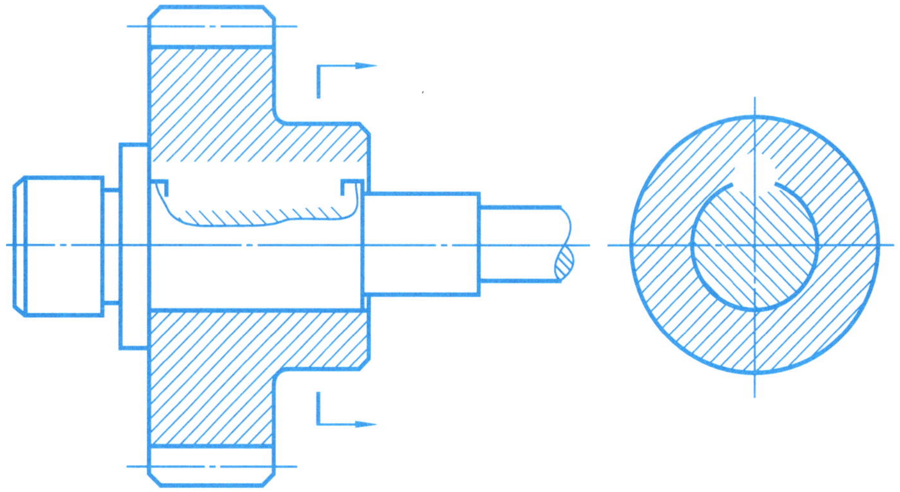

规定标记________________

2. 查表确定轴上键槽尺寸，在指定位置画出断面图，并标注尺寸。

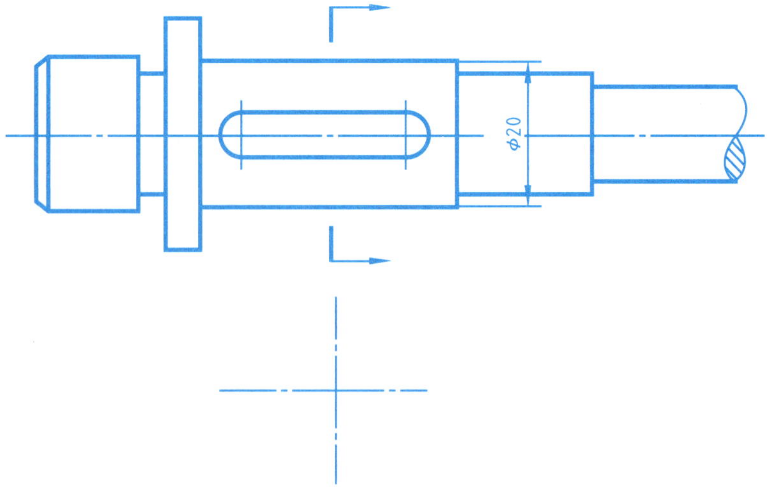

4. 选用 d=4mm 的 A 型圆锥销，画出其装配图，并写出销的标记。

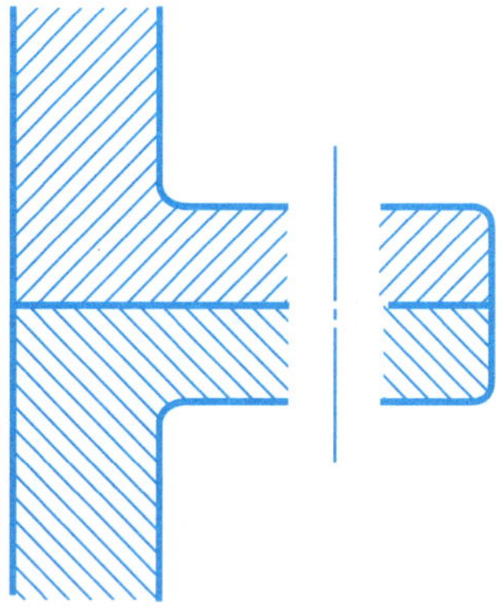

规定标记________________

5. 选用 d=6mm，公差为 m6 的圆柱销，画出其装配图，并写出销的标记。

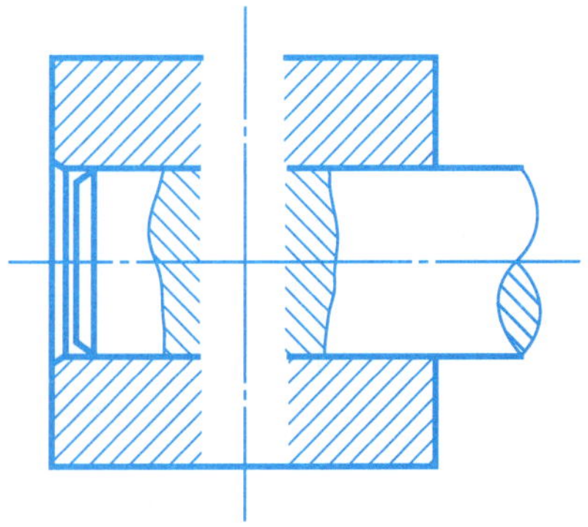

规定标记________________

8-6　已知阶梯轴的轴肩处直径为 25mm，按规定画法画出轴承的下半部分。

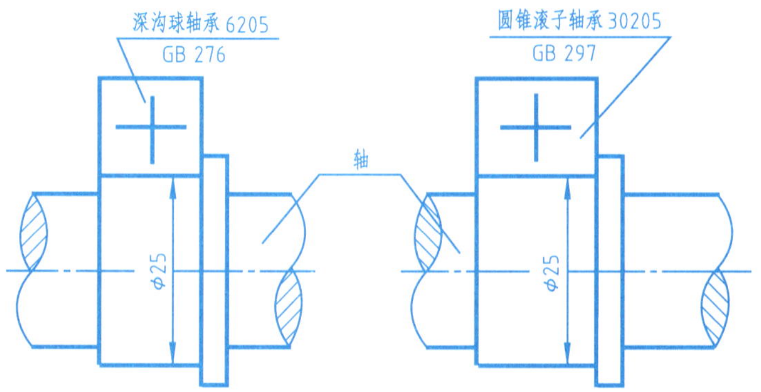

8-7　已知一直齿圆柱齿轮，$m=3$，$Z=23$，试计算其主要尺寸，并按规定画法，画全齿轮的两个视图。

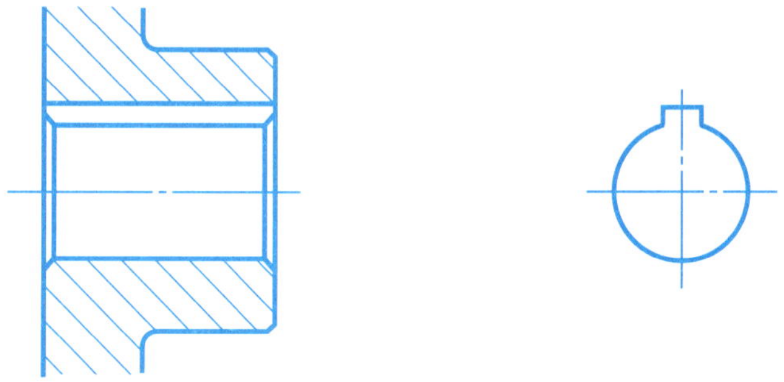

8-8　一对啮合的直齿圆柱齿轮，$m=3$，$Z_1=16$，$Z_2=26$，计算其主要尺寸，用 1∶1 完成其啮合图。

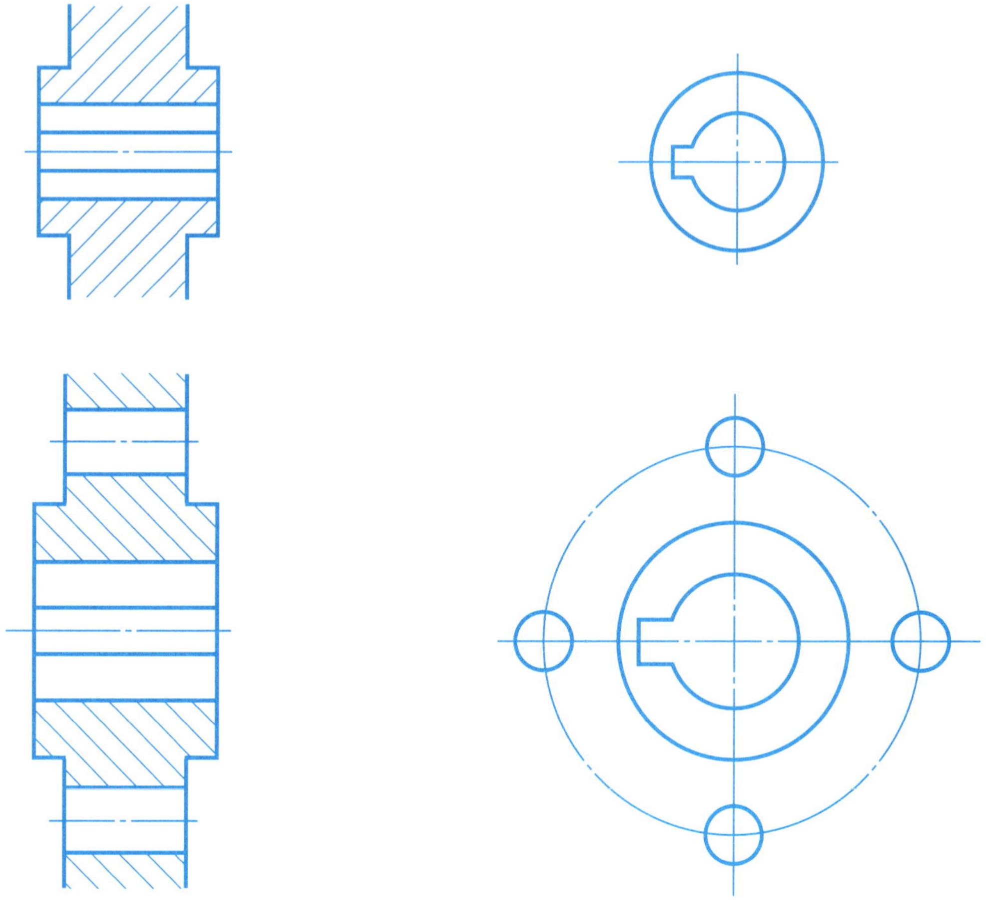

$d=$ ______________

$d_{a1}=$ ______________　　$d_{a2}=$ ______________

$d_{f1}=$ ______________　　$d_{f2}=$ ______________

8-9　已知 $m=4$，$Z_1=20$，$Z_2=30$，按规定画法补全锥齿轮的啮合图。	8-10　完成蜗轮、蜗杆的啮合图。
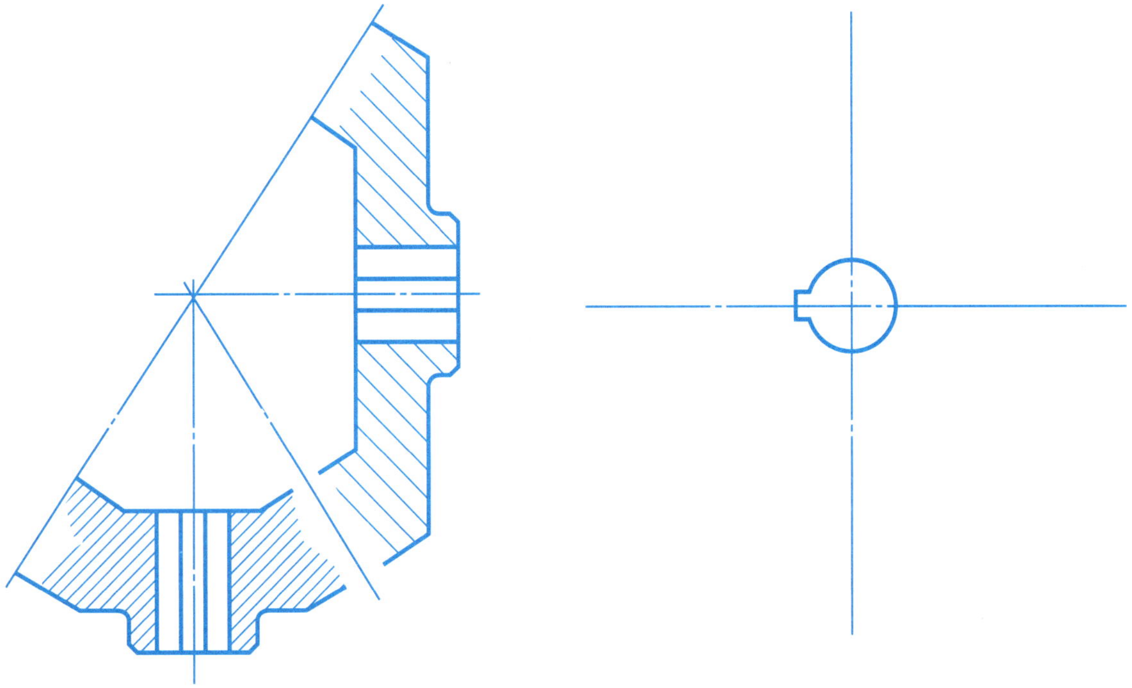	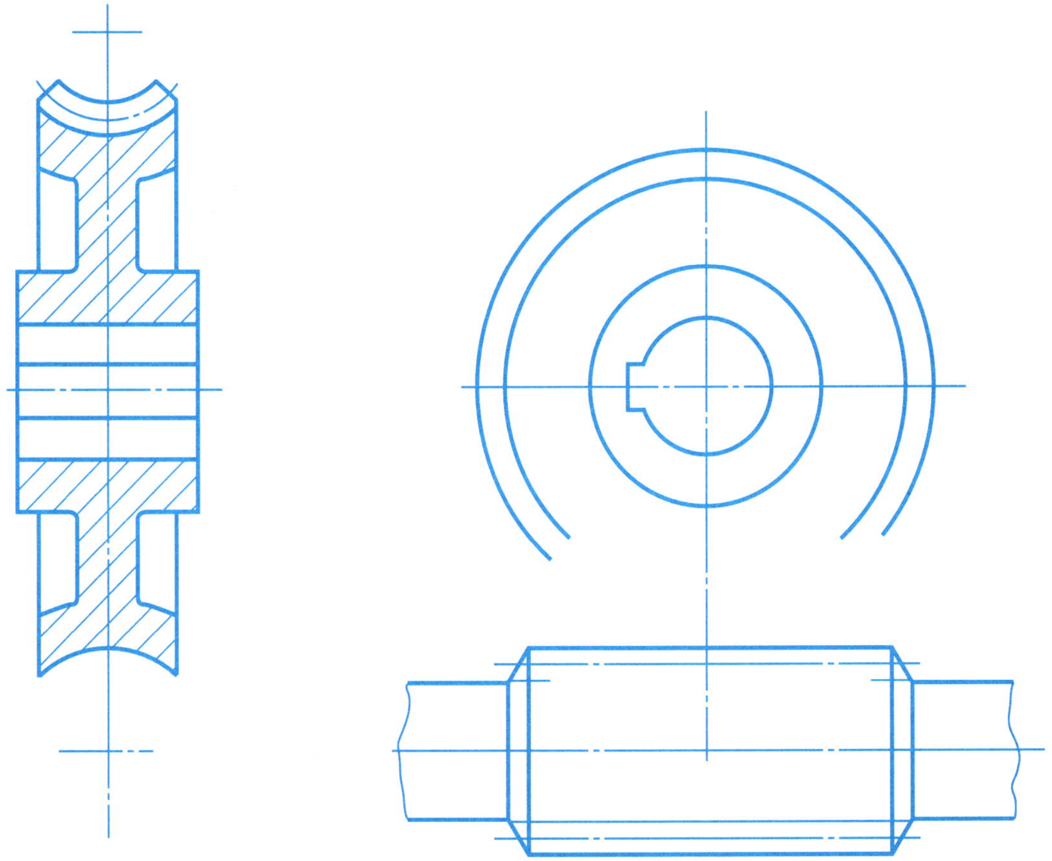

8-11　在下列主视图右侧的六组齿轮啮合左视图中，正确的画法是哪些？

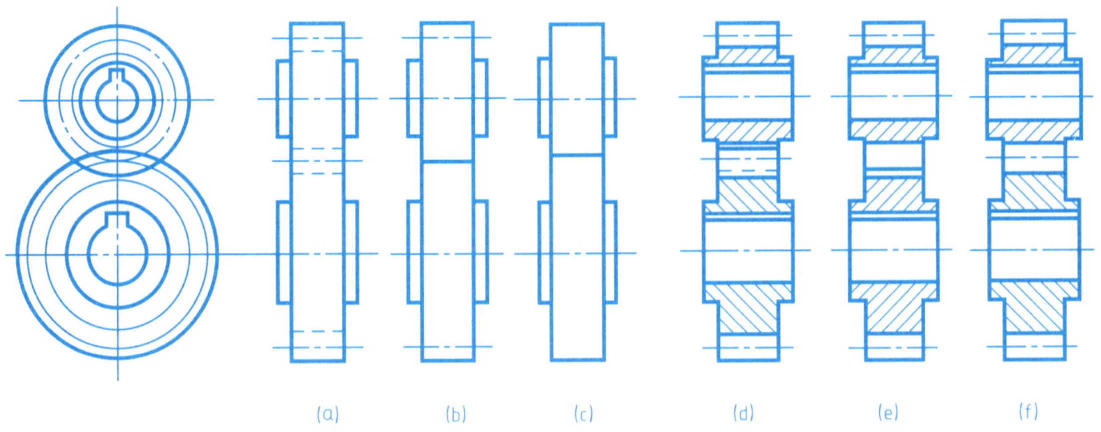

正确的有：________

8-12　已知圆柱螺旋压缩弹簧的簧丝直径 $d=5$mm，弹簧外径 $D=55$mm，节距 $t=10$mm，自由高度 $H_0=60$mm，有效圈数 $n=7$，支承圈数 $n_2=2.5$，右旋，试用 1∶1 比例画出弹簧的全剖视图（轴线水平放置）。

8-13　在 A3 图纸上用 1∶1 画出联轴器的主视图和 A—A 剖视图。

说明：

1. 圆盘 2 和 3 之间用 4 组螺栓连接：螺栓 GB/T 5780　M12×60，螺母 GB/T 6170　M12，垫圈 GB/T 97.1　12；

2. 轴 1 和圆盘 2 之间用普通平键连接：GB/T 1096 键 8×7×28。轴向用紧定螺钉固定：螺钉 GB/T 71 M6×16。

3. 圆盘 3 和轴 4 之间用销连接：销 GB/T 119.1 8m6×70。

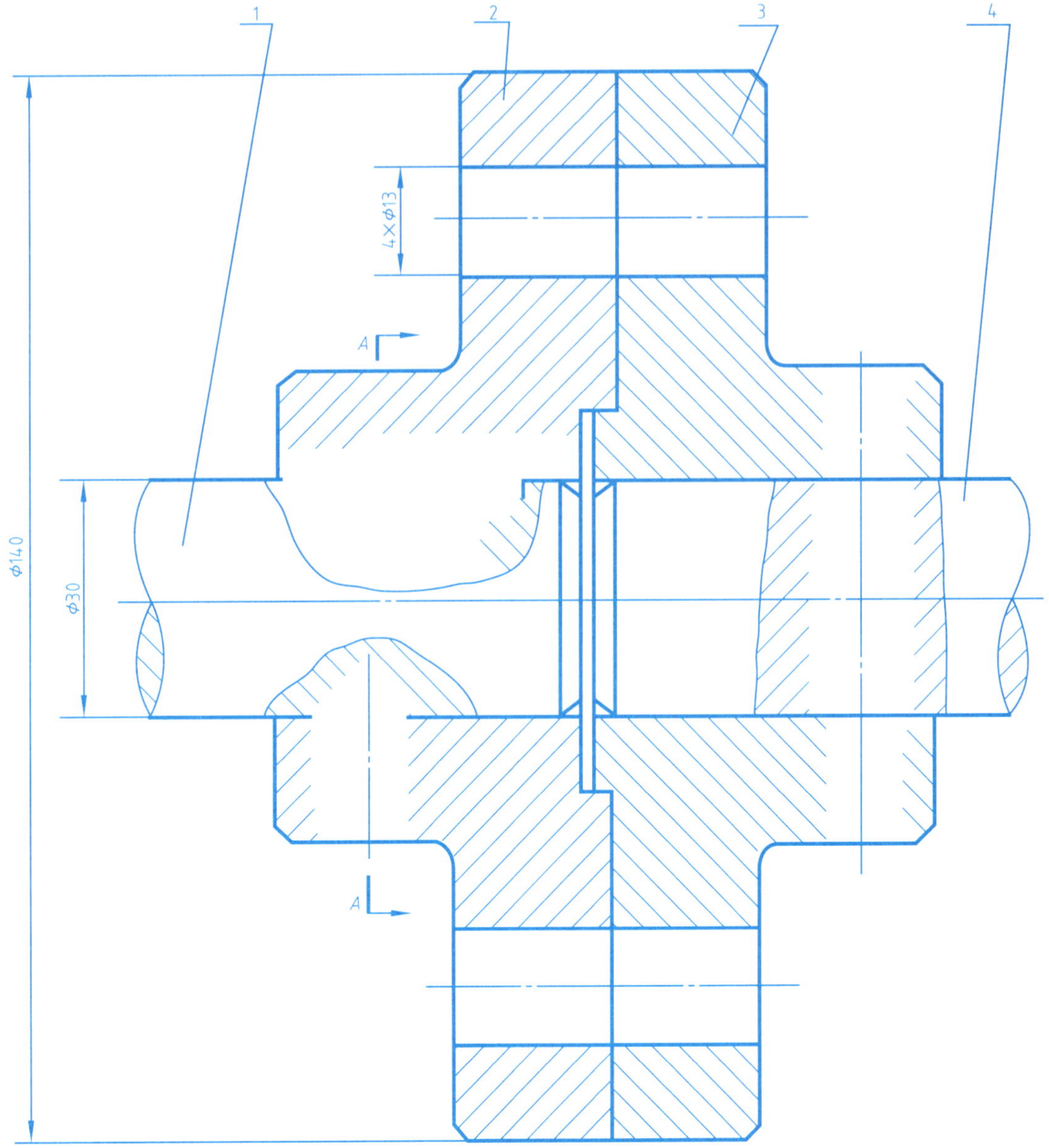

9-1　根据所给的视图，试选择铣刀头零件的最佳表达方案。

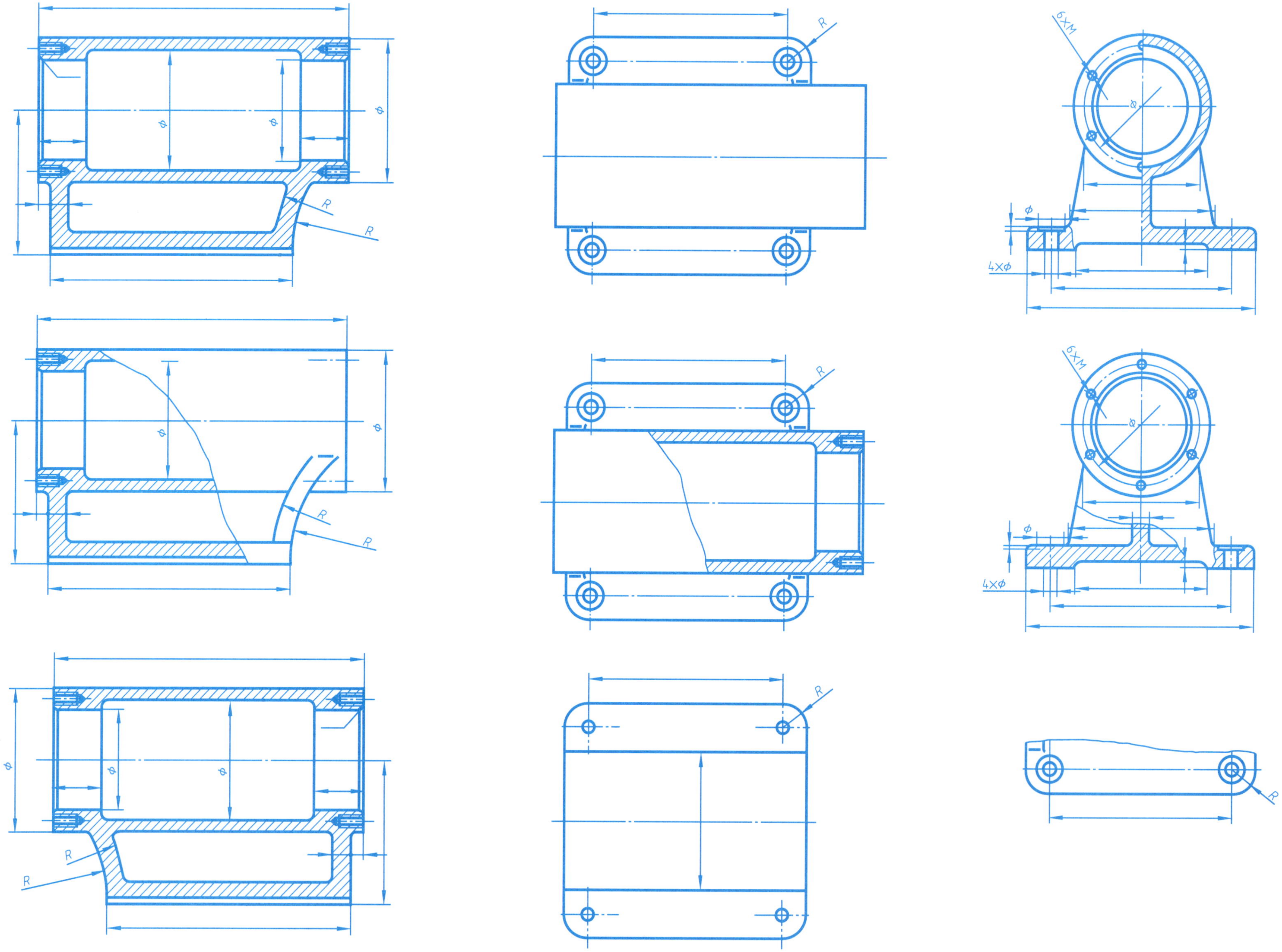

9-2　按照文字要求在图中标注表面粗糙度。

(1)

1) ϕ12 孔表面粗糙度 *Ra* 值为 0.8μm。

2) ϕ12 两端 90°倒角表面粗糙度 *Ra* 值为 1.6μm。

3) M32 螺纹工作表面粗糙度 *Ra* 值为 1.6μm。

4) ϕ40 表面粗糙度 *Ra* 值为 3.2μm。

5) 倒角 C2 表面粗糙度 *Ra* 值为 12.5μm。

6) 其余表面 *Ra* 值均为 12.5μm。

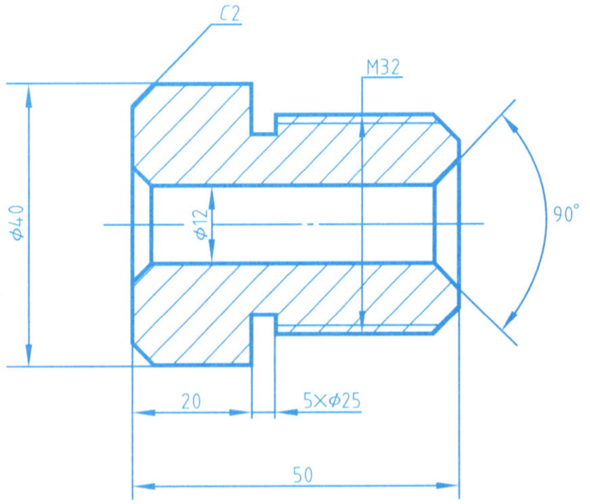

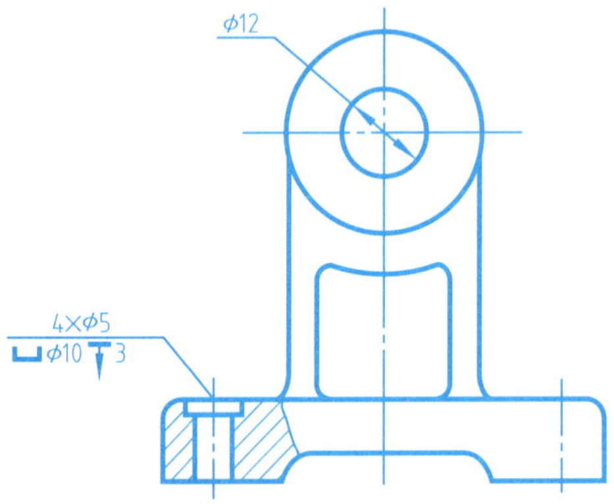

(2)

1) 底板上的沉孔表面粗糙度 *Ra* 值为 12.5μm。

2) ϕ12 孔表面粗糙度 *Ra* 值为 3.2μm。

3) 机件底面表面粗糙度 *Ra* 值为 12.5μm。

4) 其余均为铸造表面。

(3)

1) ϕ25 孔表面粗糙度 *Ra* 值为 1.6μm。

2) 轮齿工作表面粗糙度 *Ra* 值为 1.6μm。

3) 键槽两工作表面粗糙度 *Ra* 值为 3.2μm，键槽底面为 6.3μm。

4) 其余表面 *Ra* 值均为 12.5μm。

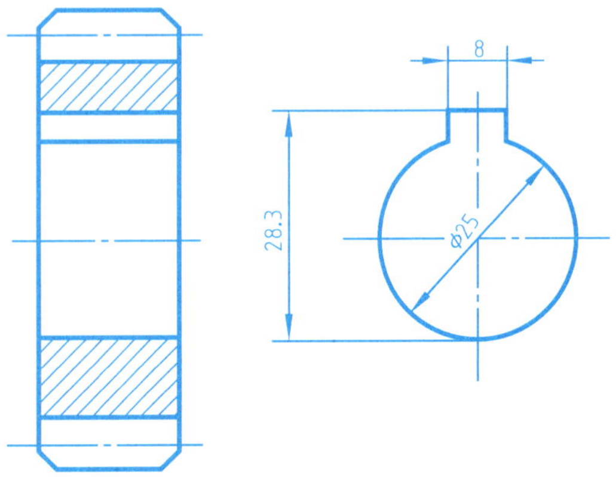

9-3　将轴测图上所给出的粗糙度要求正确的标注在零件图上。

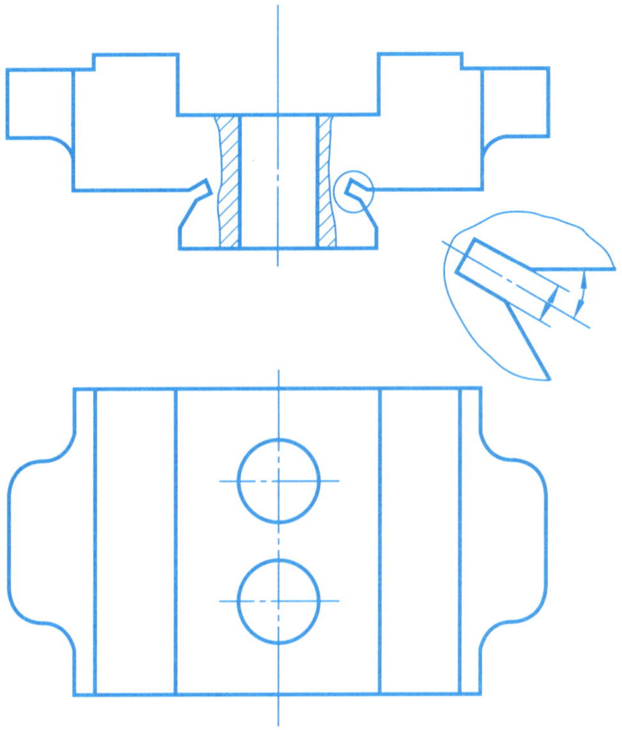

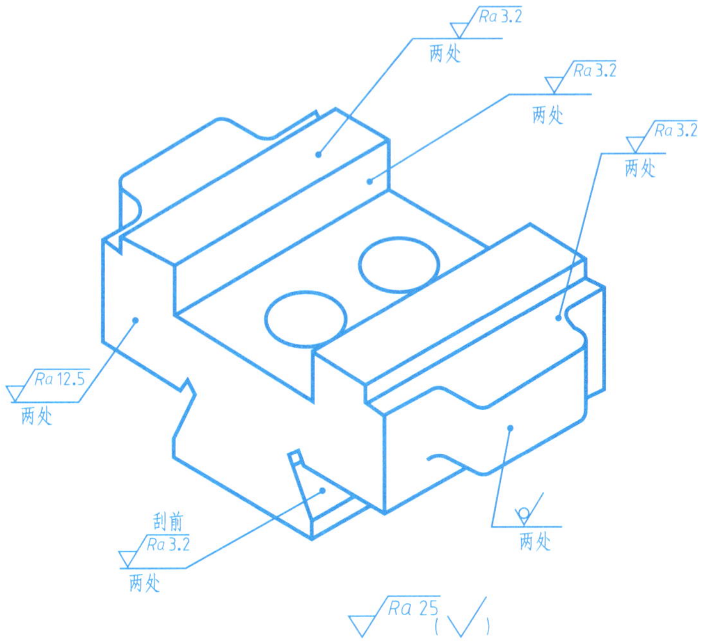

9-4　极限与配合

1. 说明下列零件尺寸中的字母和数字的意义

（1）$\phi26m6$：其中 m6 是__________的__________代号，m 是__________代号，6 是__________等级。

（2）$\phi26H7$：其中 H7 是__________的__________代号，H 是__________代号，7 是__________等级。

（3）$\phi26_{-0.013}^{\ 0}$：其中 $\phi26$ 是__________尺寸，上极限偏差是__________，下极限偏 3 差是__________，上极限尺寸是__________，下极限尺寸是__________，公差是__________。

2. 根据图（a）中的尺寸和配合代号，查表后在（b）、（c）、（d）中标注出公称尺寸及上、下极限偏差数值。

① $\phi34\ \dfrac{H7}{k6}$：属基__________制，__________配合；公差带代号：孔__________，轴__________。

② $\phi26\ \dfrac{H8}{f7}$：属基__________制，__________配合；公差带代号：孔__________，轴__________。

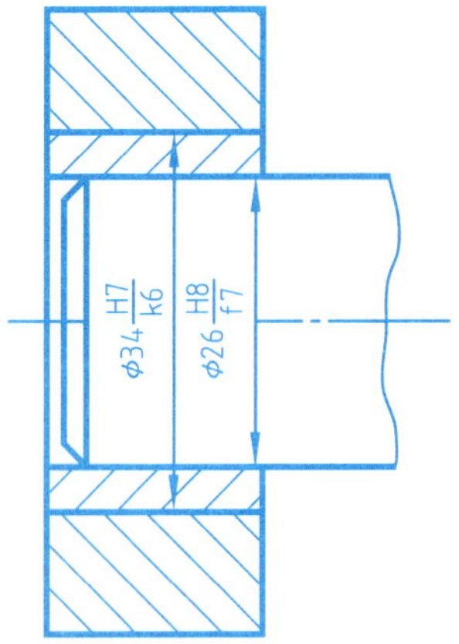

(a)

(b)

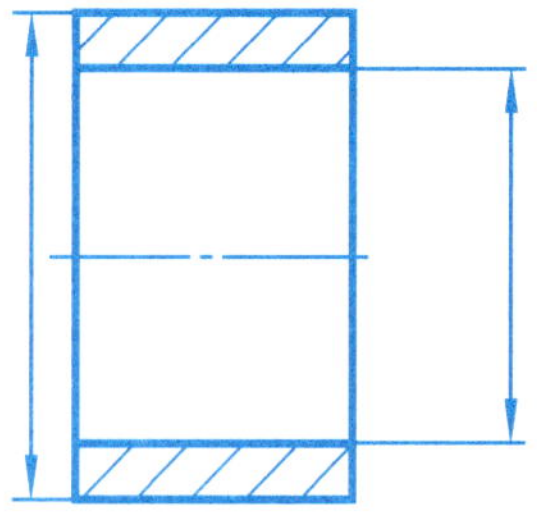
(c)

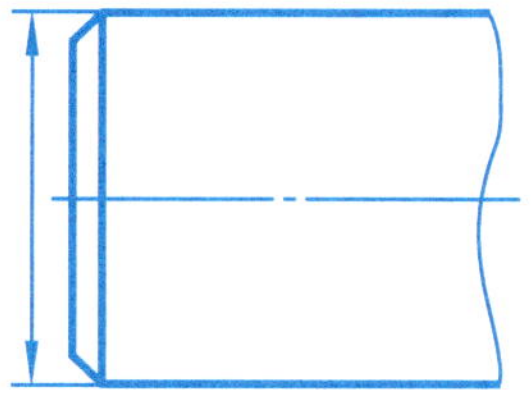
(d)

3. 根据图（a）中的尺寸和配合代号，查表后在（b）、（c）中标注公称尺寸及上、下极限偏差数值。

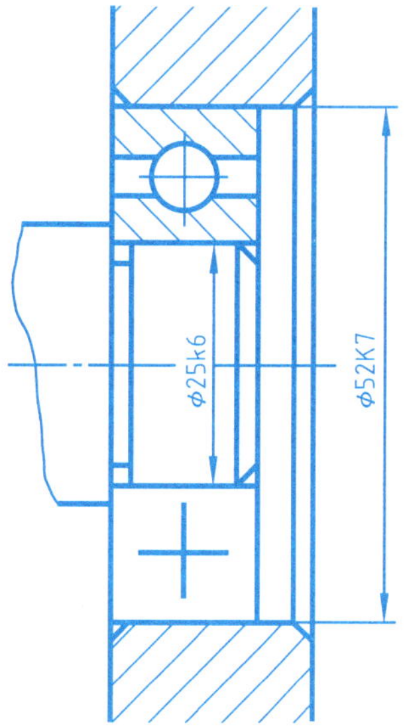

(a)

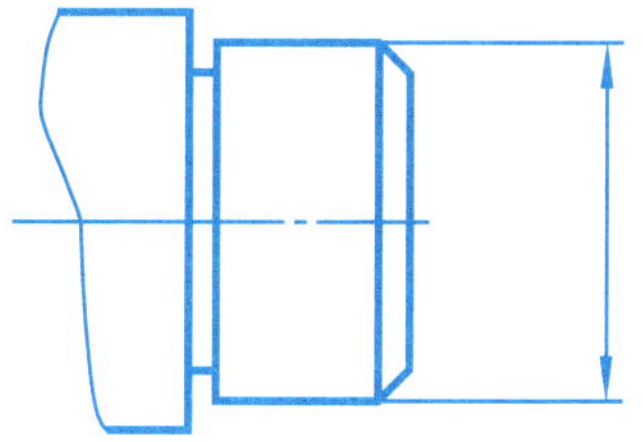
(b)

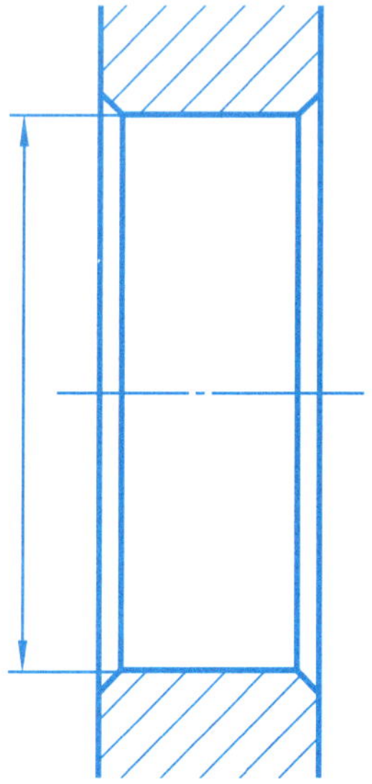
(c)

4. 根据（b）、（c）中的公称尺寸及上、下极限偏差值，查出其公差带代号，并在图（a）中标注出它们的配合代号。

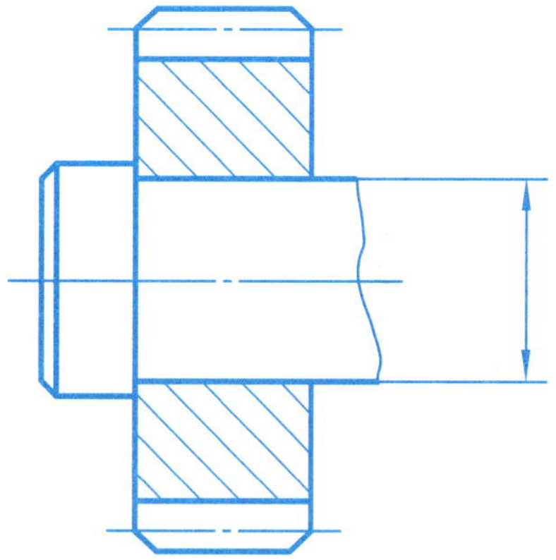
(a)

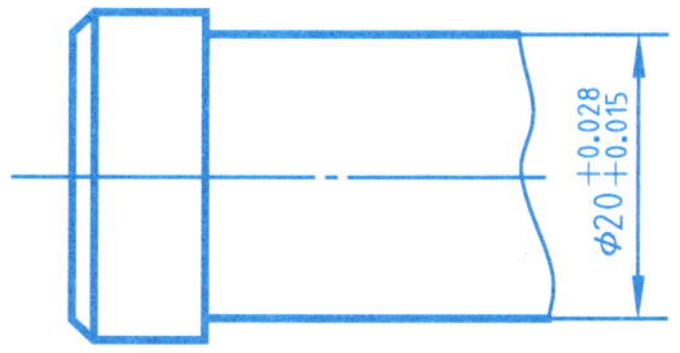

(b)

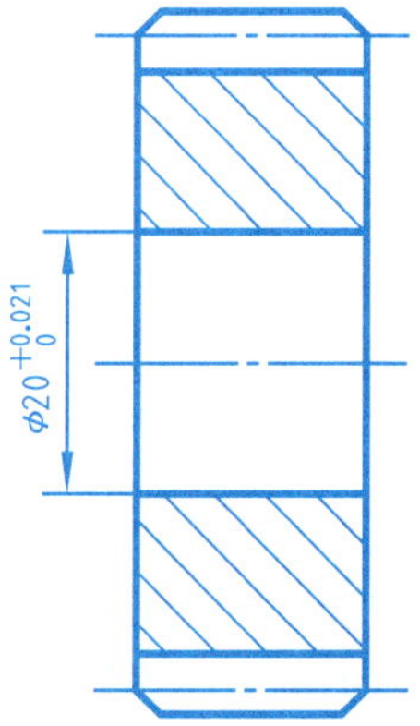

(c)

9-5 将文字要求用几何公差框格标注在图上。

1. 顶部棱线的直线度公差为 0.02

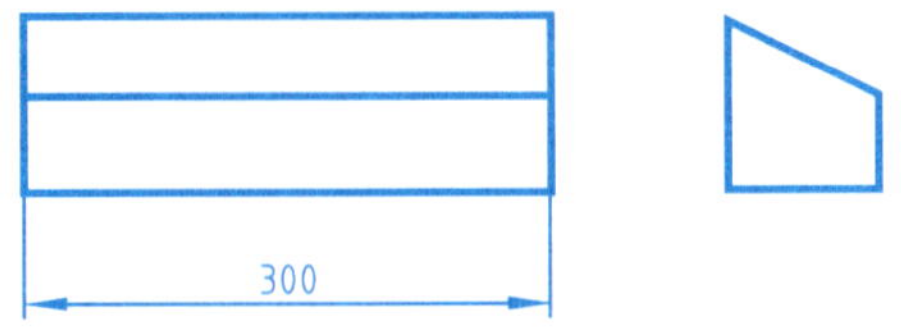

2. *A* 面对 *B* 面的垂直度公差为 0.05

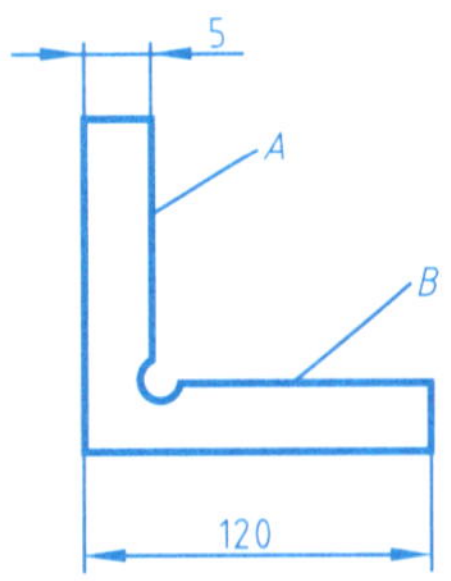

3. ϕ50g6 外圆表面圆度公差为 0.01

4. ϕ75m6 轴线对 10 左端面的垂直度公差为 0.025

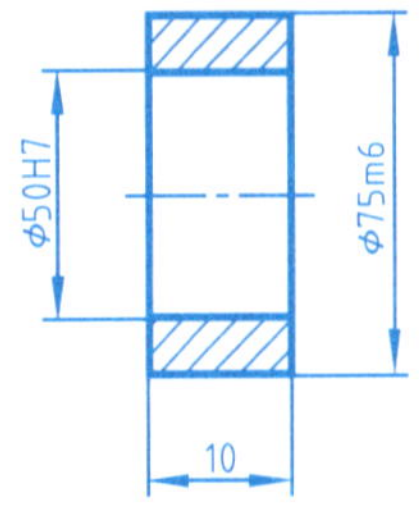

5. 顶面对底面的平行度公差为 0.02

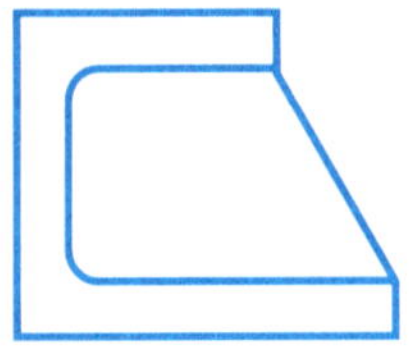

6. 槽 20 两侧面对称中心平面对 40 两侧面对称中心平面的对称度公差为 0.06

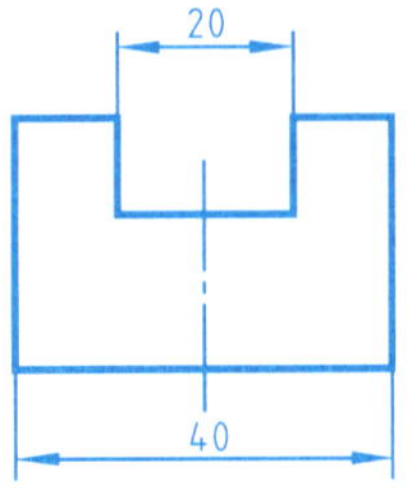

7. ϕ20H7 轴线对底面的平行度公差为 0.02

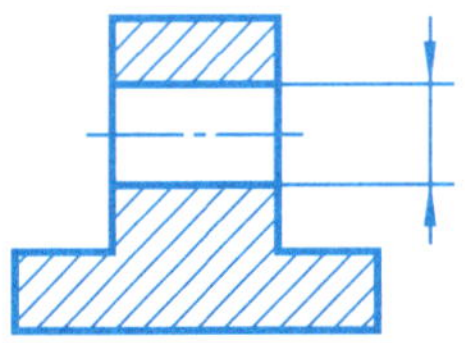

8. ϕ50h7 轴线对 ϕ30h6 轴线的同轴度公差为 ϕ0.02

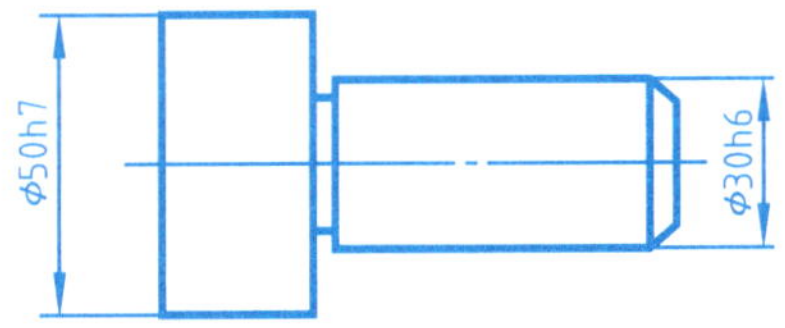

9-6 将文字要求用几何公差框格标注在图上。

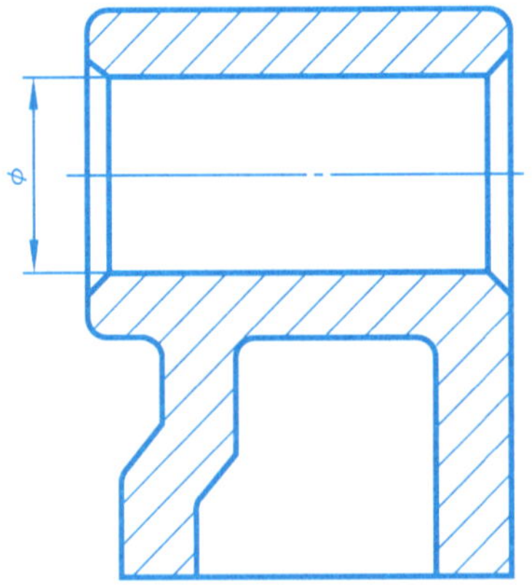

(1) 孔 ϕ 轴线的直线度公差值为 ϕ0.012。
(2) 孔 ϕ 的圆柱度公差值为 0.005。
(3) 底面的平面度公差值为 0.01。
(4) 孔 ϕ 轴线对底面的平行度公差值为 0.03。

9-7 解释图中几何公差标注的含义。

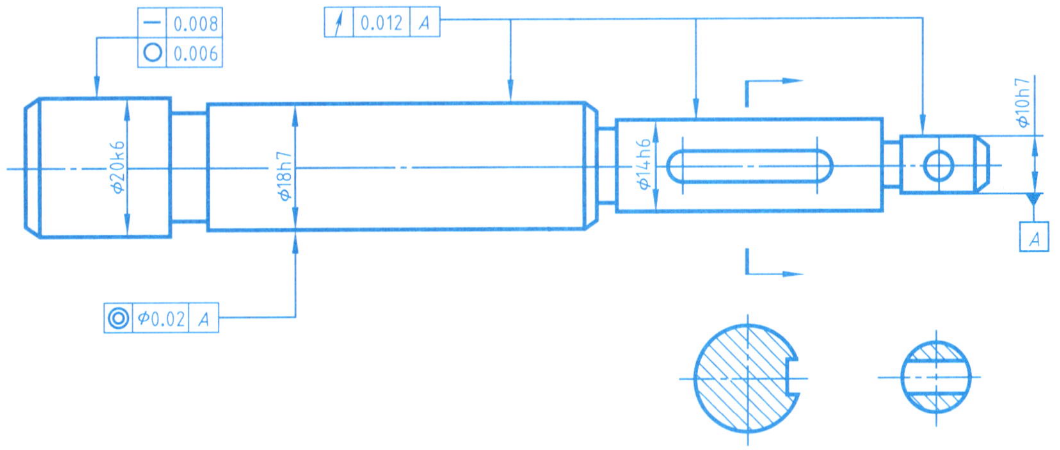

1. [— 0.008] 被测要素是__________，公差项目是__________，公差值是__________。

2. [○ 0.006] 被测要素是__________，公差项目是__________，公差值是__________。

3. [◎ ϕ0.02 A] 被测要素是__________，公差项目是__________，基准要素是__________，公差值是__________。

4. [↗ 0.012 A] 被测要素是__________，公差项目是__________，基准要素是__________，公差值是__________。

9-8　零件图绘图作业。

作业指导书

一、目的

1. 掌握绘图的基本技能和绘制零件图的方法。
2. 学习典型零件的表达方法及典型零件结构的查表方法。
3. 掌握表面结构及公差的标注方法，以及正确选择尺寸基准和尺寸标注方法。

二、内容与要求

1. 根据零件的轴测图，选择表达方案，合理标注尺寸并选择技术要求，完成零件图，绘图比例和图幅自定。
2. 对于零件上的圆角、退刀槽、键槽等标准结构，应查阅相关标准。表面结构、极限与配合、形位公差等内容，请参看轴测图标注。

1.

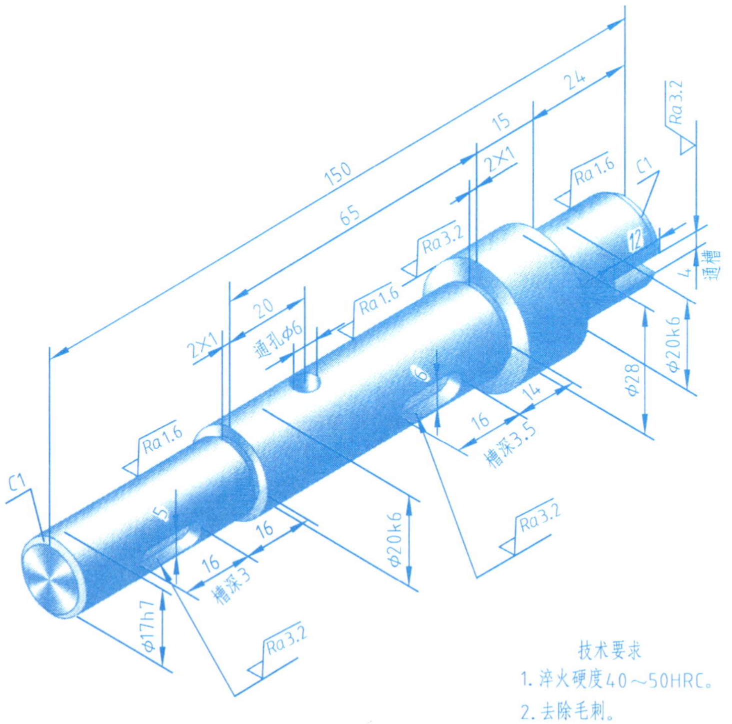

名称：输出轴
材料：45

Ra12.5 (√)

2.

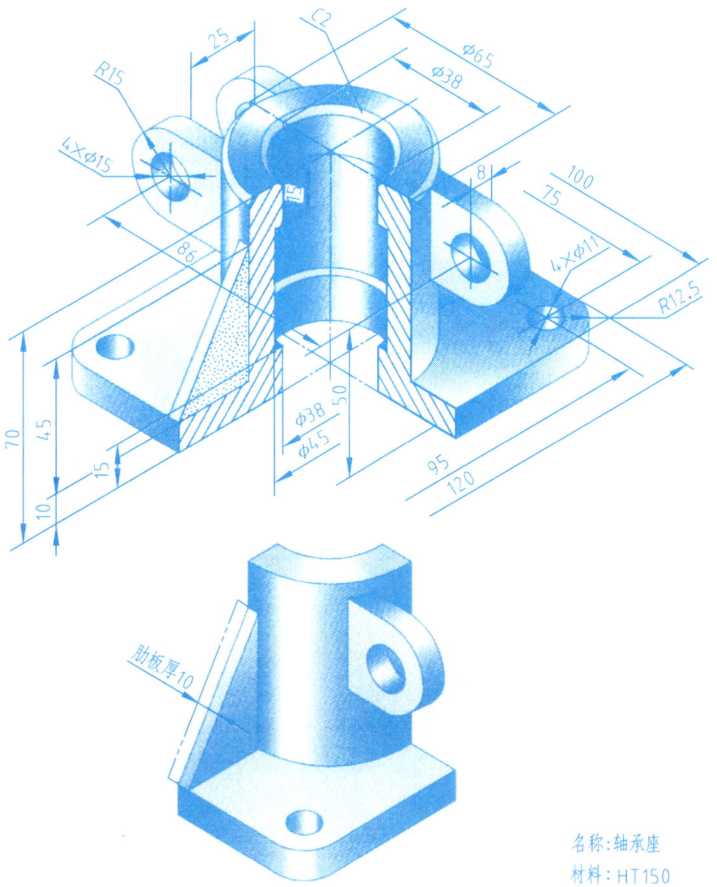

名称：轴承座
材料：HT150

3.

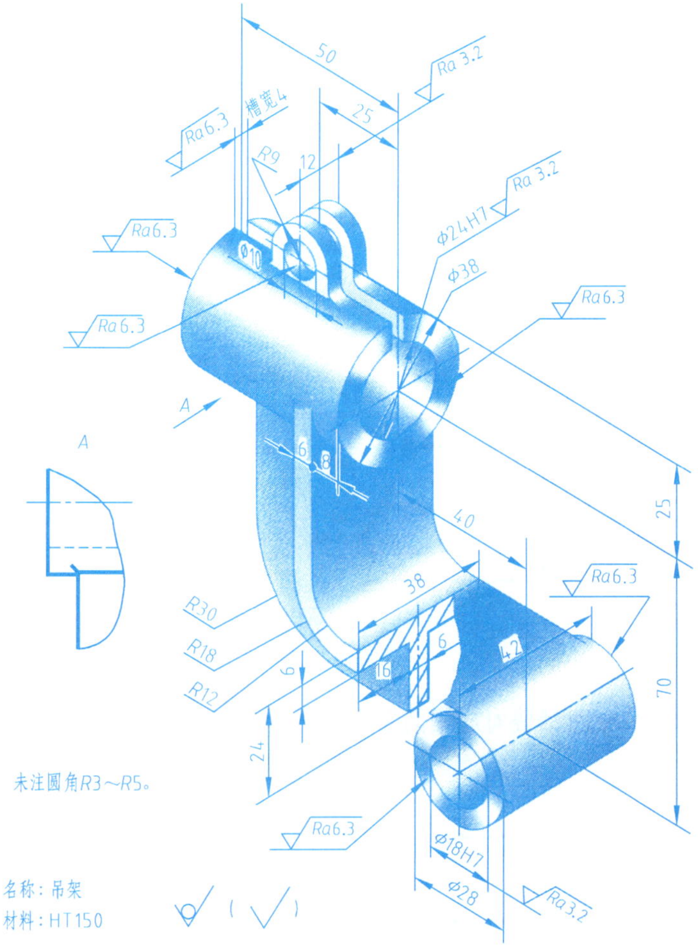

名称：吊架
材料：HT150

(√)

9-9　读懂下列轴的零件图，并回答问题。

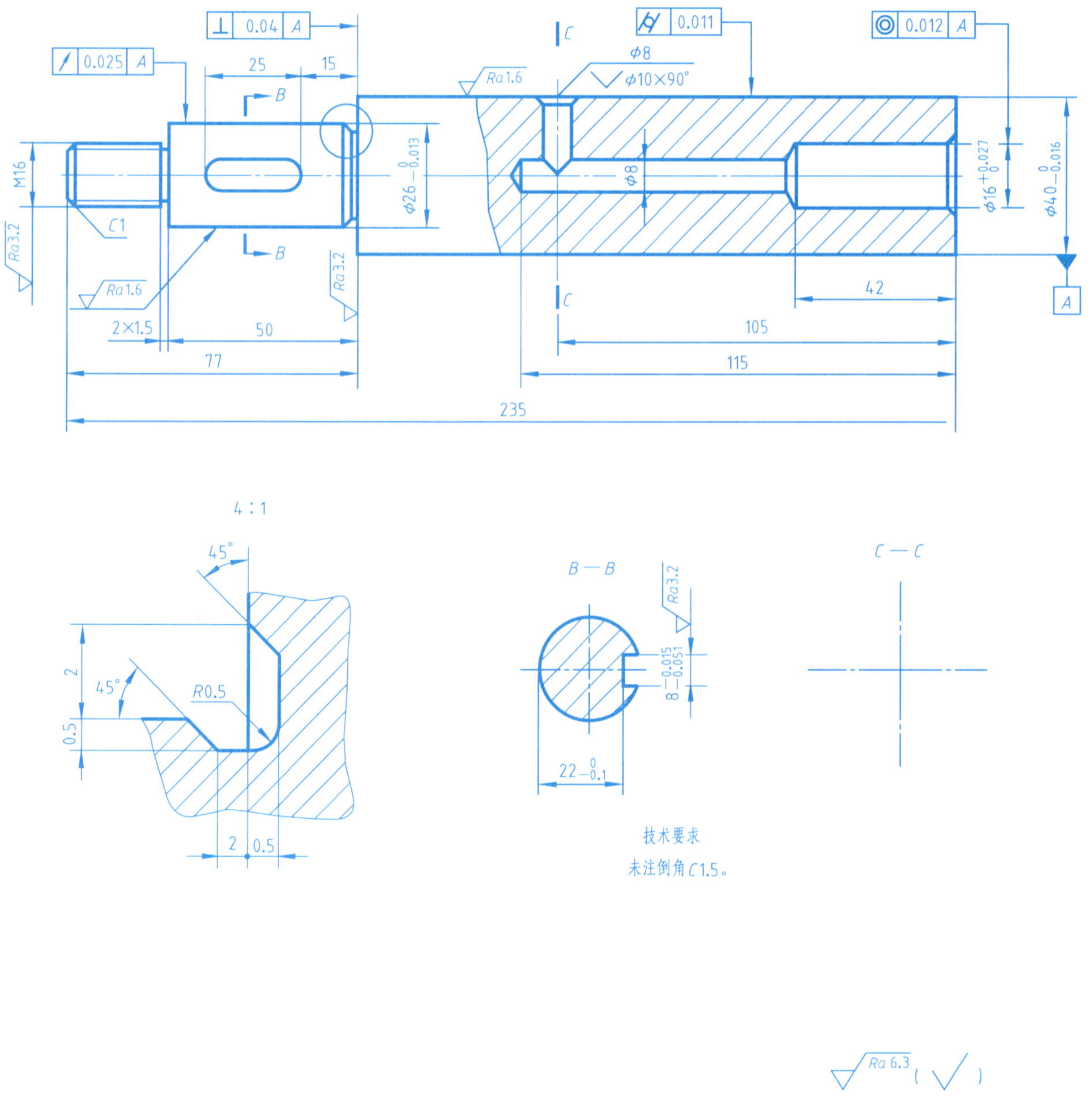

轴	比例	数量	材料	01
	1 : 2		45	
制图				
校对				

1. 该零件属于＿＿＿＿＿＿类零件，材料为＿＿＿＿＿＿，绘图比例为＿＿＿＿＿＿。

2. 该零件采用了＿＿＿＿＿＿个基本视图来表达零件的结构和形状，主视图是采用＿＿＿＿＿＿剖视，表达轴的内部结构；此外还采用了＿＿＿＿＿＿表达砂轮越程槽结构；采用＿＿＿＿＿＿表达键槽处断面形状。

3. 用指引线和文字在图中表示出径向尺寸基准和轴向主要基准。

4. 键槽长度为＿＿＿＿＿＿，宽度为＿＿＿＿＿＿，长度方向定位尺寸为＿＿＿＿＿＿。

5. 尺寸 $\phi26_{-0.013}^{\ 0}$ 的公称尺寸是＿＿＿＿＿＿，上极限尺寸是＿＿＿＿＿＿，下极限尺寸是＿＿＿＿＿＿，上极限偏差是＿＿＿＿＿＿，下极限偏差是＿＿＿＿＿＿，公差值是＿＿＿＿＿＿。其公差带代号为＿＿＿＿＿＿。

6. 该轴的表面粗糙度要求最高的 *Ra* 值为＿＿＿＿＿＿。

7. 在图中指定位置画出 *C*—*C* 断面图。

8. 说明几何公差代号的含义。

9-10　读懂下列套筒的零件图，并回答问题。

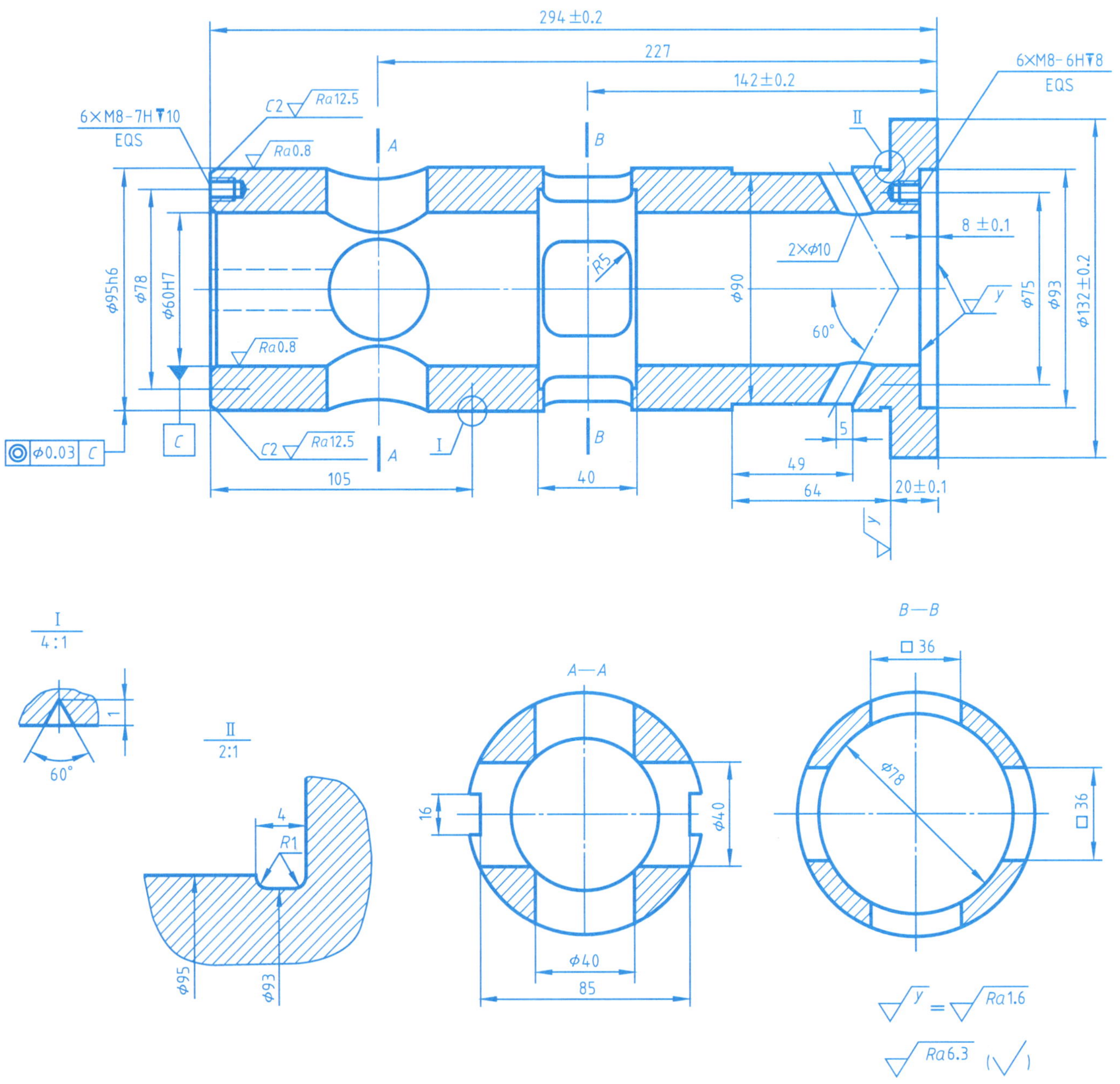

套筒	比例	数量	材料	02
	1∶2.5		HT150	
制图				
校对				

1. 该零件采用了________个图形来表达，它们的表达方法是：主视图为________剖视图，A—A、B—B 是________图，还有两个________图。

2. 套筒上 ϕ40 圆孔的定位尺寸为________；□36 方孔的定位尺寸为________；2×ϕ10 斜孔的定位尺寸为________。

3. 主视图中虚线表示的槽在图中共有________个，其宽度为________，深度为________。

4. 零件上 ϕ60H7 的孔、ϕ132±0.2 圆柱右端面、ϕ95h6 圆柱左端面的表面粗糙度 *Ra* 值各为________、________、________。

5. 零件上加工了________个螺孔，其定位尺寸为________、________；6×M8-7H↧10EQS 的含义是________。

6. 解释图中 ϕ60H7 的含义：ϕ60 表示________，H 表示________代号，7 表示________代号，H7 表示________代号。

9-11　读懂下列拖脚盖的零件图，并回答问题。

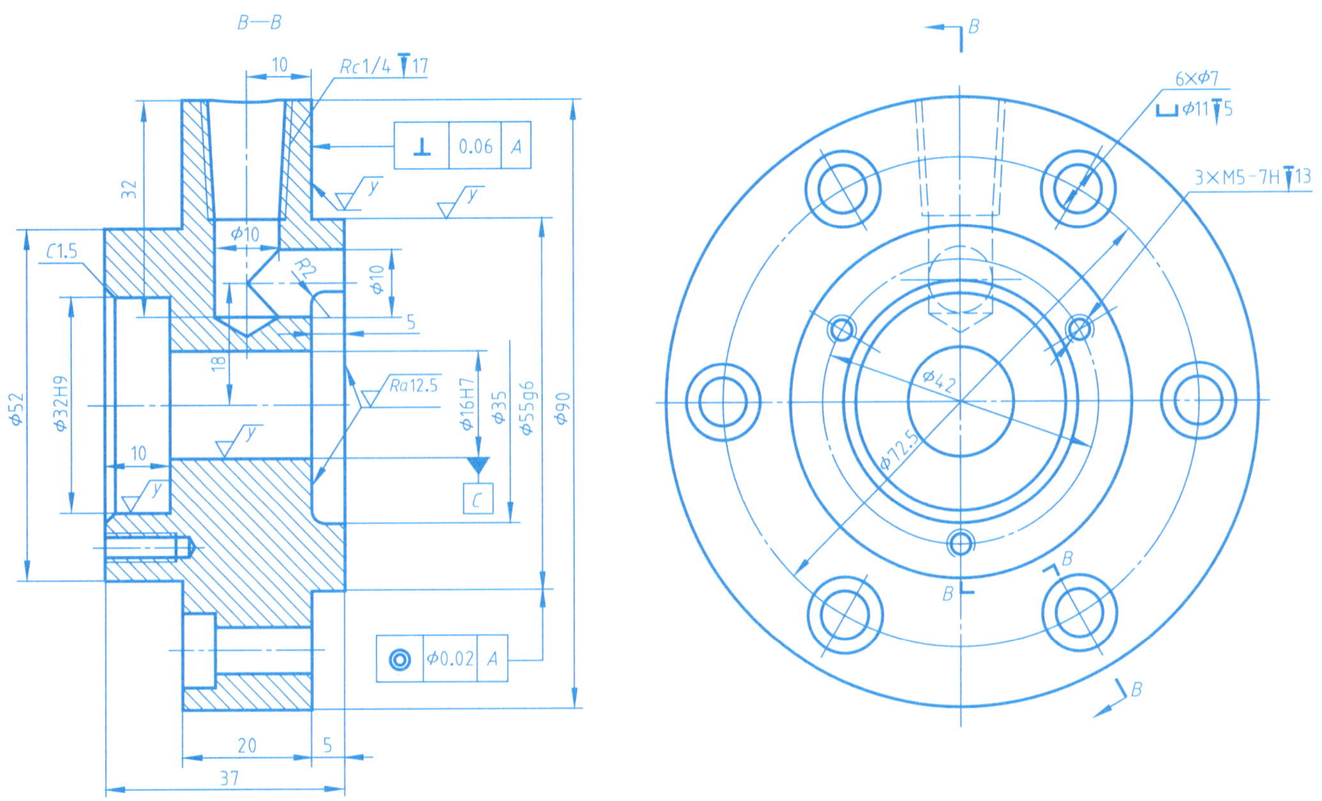

技术要求

1. 铸件不得有任何铸造缺陷。
2. 铸件应人工稳定化处理。
3. 未注倒角为C1。

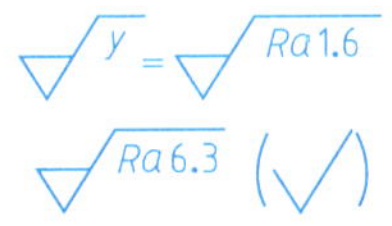

拖脚盖	比例	数量	材料	03
	1∶1		HT150	
制图				
校对				

1. 该零件的主视图是______剖视图，是采用______剖切面剖切的。

2. 零件长度方向的尺寸基准是 φ90 的______端面；径向尺寸基准为______。

3. 解释图中 Rc1/4 ↧17 的含义：______，其定位尺寸为______。

4. 解释 φ55g6 的含义：φ55 为______，g6 为______代号，g 表示______代号，6 表示______代号，查表得到其上极限偏差为______，下极限偏差为______，公差为______，该圆柱表面粗糙度 *Ra* 为______。

5. 零件上有两处几何公差的要求，它们的特征名称项目为______和______，其基准部位为______。

9-12　读懂下列托脚的零件图，并回答问题。

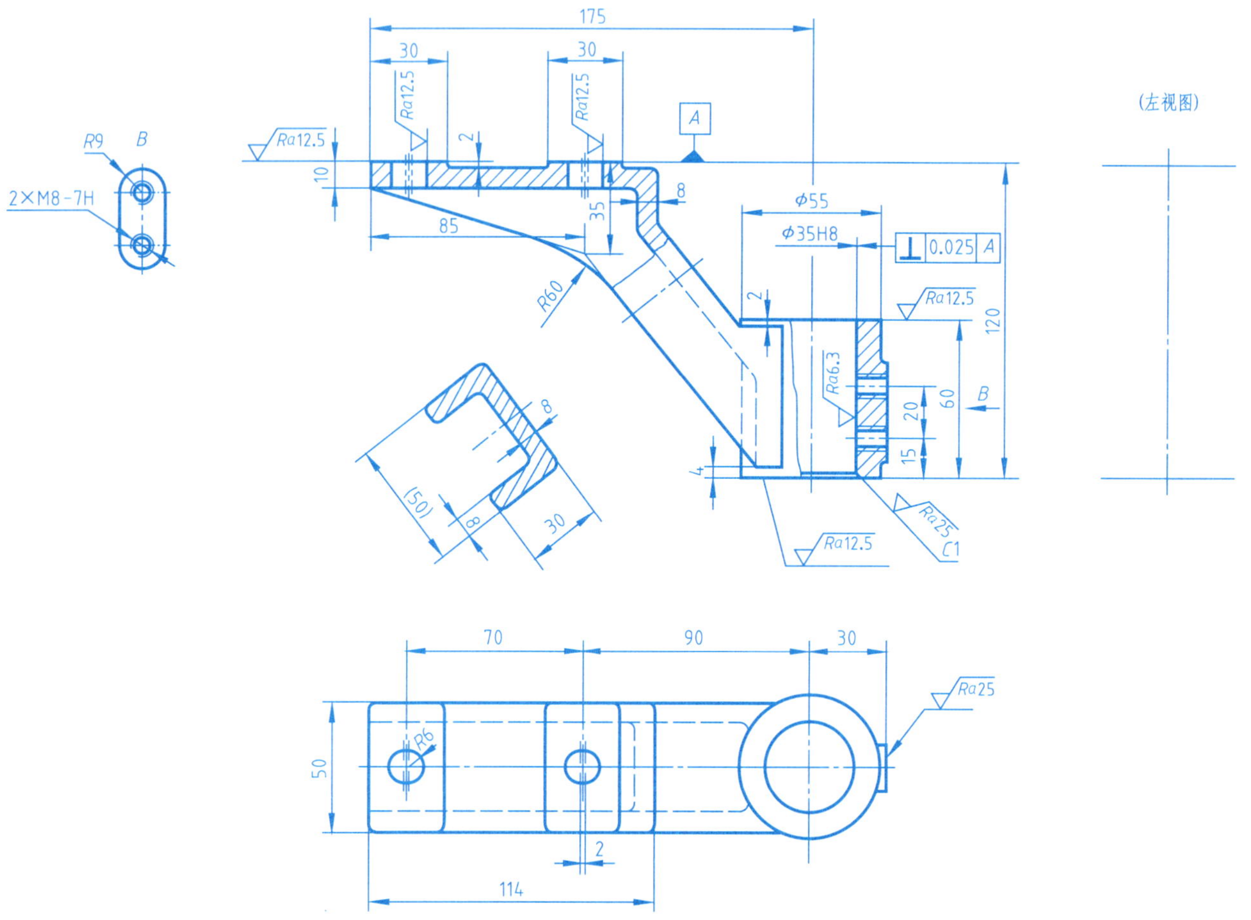

技术要求

1. 未注圆角R3～R5。

2. 铸件不得有砂眼、裂纹等缺陷。

托脚	比例	数量	材料	04
	1∶1		HT150	
制图				
校对				

1. 零件图由＿＿＿＿＿个图形构成，分别为＿＿＿＿＿图、＿＿＿＿＿图、＿＿＿＿＿图、＿＿＿＿＿图。

2. 按图形大小在图中指定位置画出左视（外形）图。

3. 用指引线引出零件长、宽、高三个方向的主要尺寸基准，并注明是哪个方向的基准。

4. 分析尺寸，在图中找到下列尺寸。

定形尺寸：＿＿＿＿＿＿＿＿＿＿；

定位尺寸：＿＿＿＿＿＿＿＿＿＿。

5. 解释图中几何公差的含义：基准要素是＿＿＿＿＿，被测要素是＿＿＿＿＿，公差项目是＿＿＿＿＿，公差值是＿＿＿＿＿。

6. M8-7H 是（标准、非标准）螺纹。

7. 零件表面粗糙度共有＿＿＿＿＿种，其中要求最高的表面粗糙度 *Ra* 值是＿＿＿＿＿。

9-13　读懂下列泵体的零件图，并回答问题。

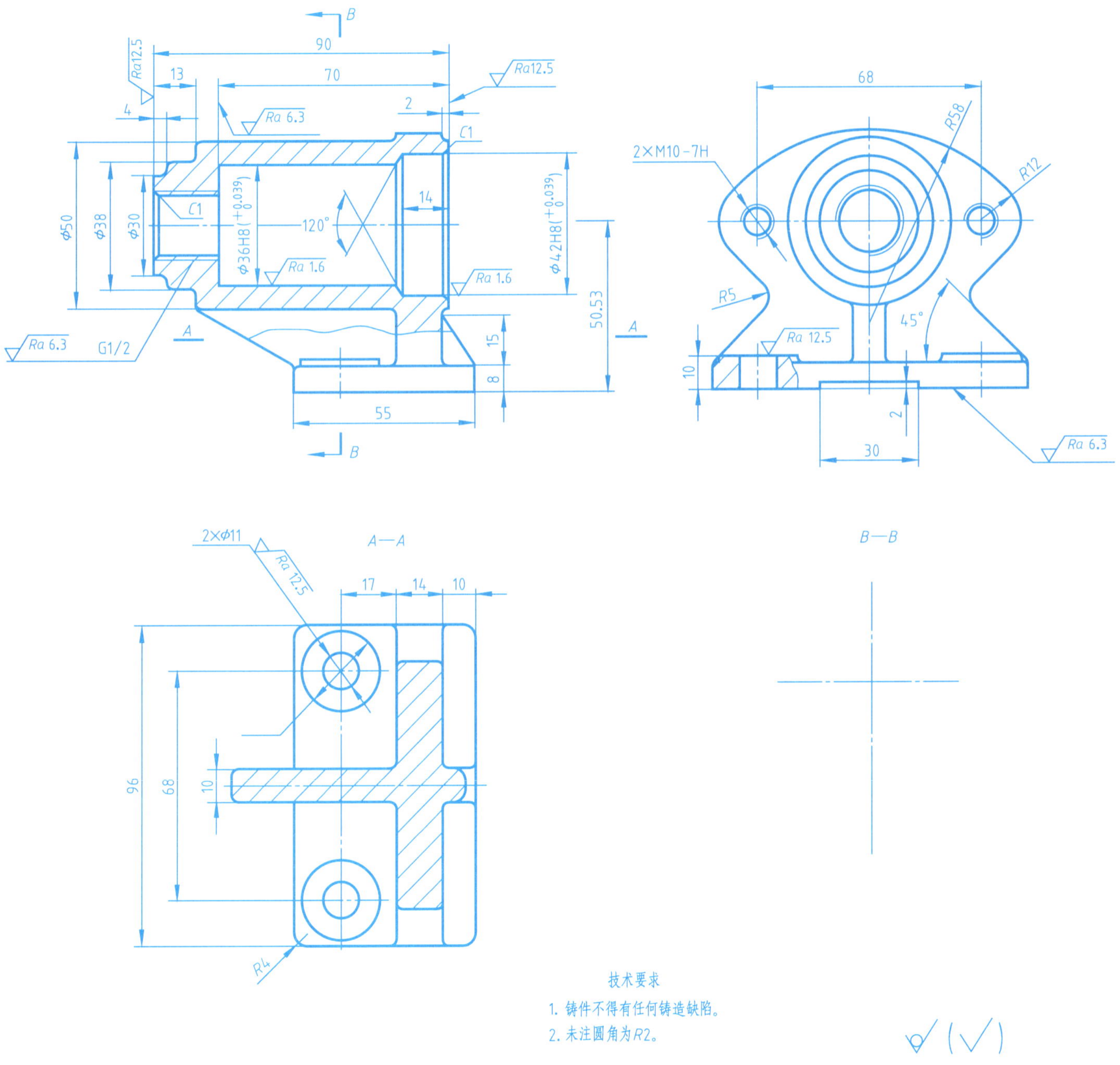

泵体	比例	数量	材料	05
	1:2		HT150	
制图				
校对				

1. 该零件的主视图和左视图为＿＿＿＿＿＿剖视图，俯视图为＿＿＿＿＿＿剖视图。

2. 零件上 2×ϕ11 孔的定位尺寸为＿＿＿＿＿＿、＿＿＿＿＿＿；2×M10-7H 螺孔的定位尺寸为＿＿＿＿＿＿、＿＿＿＿＿＿。

3. 零件左端螺孔 G1/2 的含义为：G 表示＿＿＿＿＿＿管螺纹。1/2 表示＿＿＿＿＿＿，查表后得到其大径为＿＿＿＿＿＿。

4. 画出 *B*—*B* 剖视图。

9-14　读懂下列箱体的零件图，并回答问题。

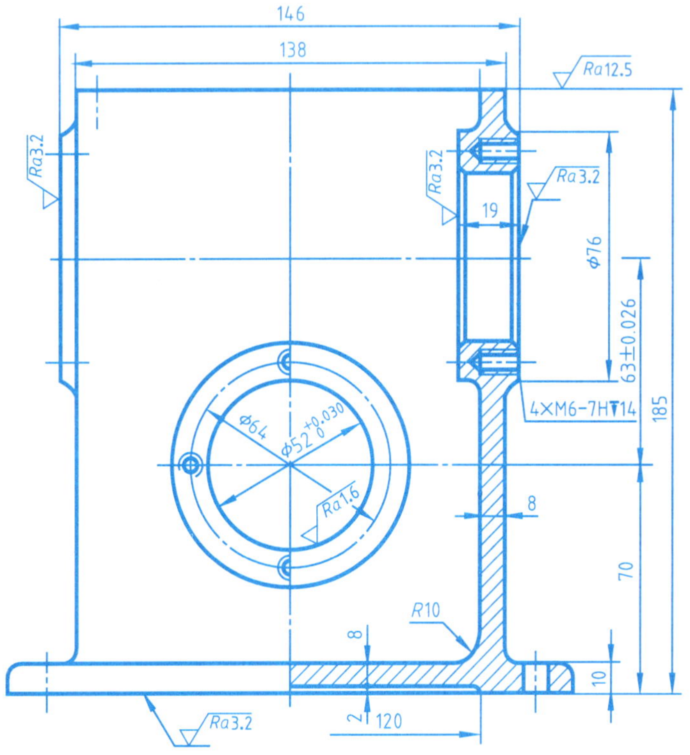

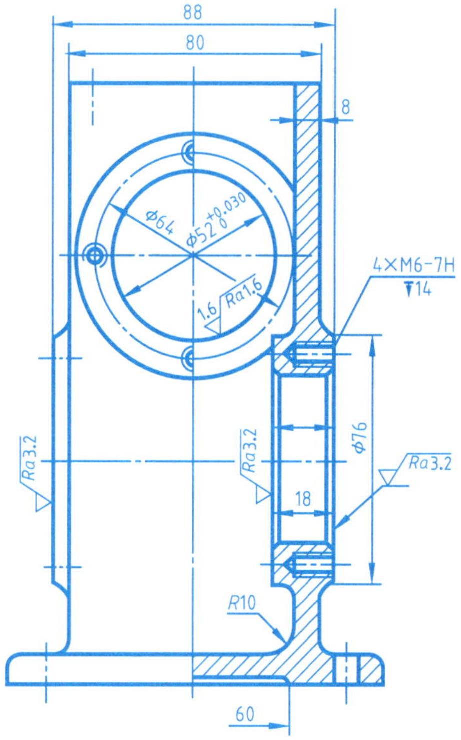

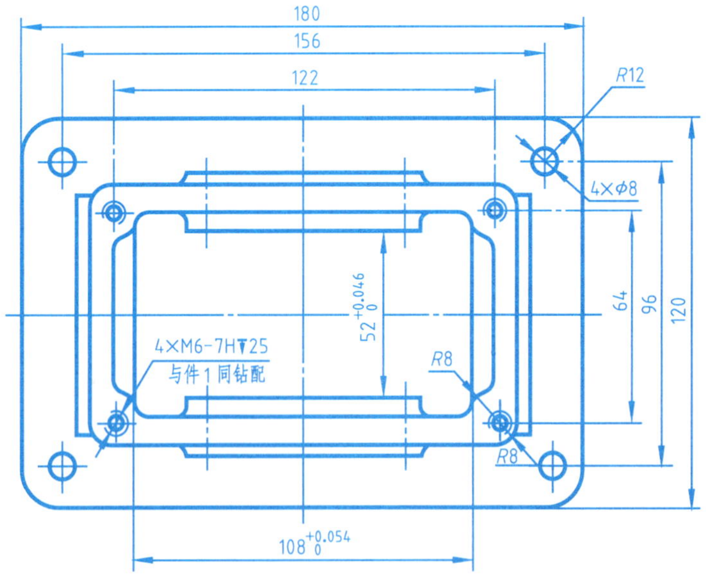

技术要求

1. 铸件经时效处理。
2. 内壁涂耐油涂料。
3. 未注圆角R4。
4. 未注倒角C1。

箱体	比例	数量	材料	06
	1∶2		HT150	
制图				
校对				

1. 该零件的名称为__________，材料为__________，其中 150 表示__________，绘图比例为__________。

2. 零件共用了__________视图，其主视图和左视图都采用了__________剖视，这种表达方式针对于__________零件，主视图中尺寸 120 和左视图中尺寸 60，所表示的结构是__________。

3. 在图中指出零件长、宽、高的基准。

4. 图中定位尺寸有__________，箱体内壁壁厚为__________。有公差要求的尺寸有__________个。

5. 零件上有__________个孔前后和左右贯通，凸台上要加工的螺钉孔的数量是__________个，零件上总共要加工__________个螺钉孔。

6. 凸台内侧的表面粗糙度 *Ra* 的值为__________，加工要求最高的表面在__________，*Ra* 值为__________。

7. 对该零件进行时效处理的目的是什么？____。

10-1　绘制装配图（一）。

作 业 指 导

一、目的

熟悉和掌握装配图的内容、表达方法及画法。

二、内容与要求

1. 仔细阅读千斤顶的零件图，并参照千斤顶的立体图和装配示意图，拼画千斤顶的装配图。
2. 用 A3 图幅，绘图比例根据千斤顶零件图的尺寸自己确定。

三、注意事项

1. 参照立体图和工作原理说明，搞清楚千斤顶各零件的装配、连接关系。
2. 根据千斤顶的立体图、装配示意图及零件图，选定表达方案。
3. 要严格按照零件图上的尺寸进行作图，注意接触面与非接触面的画法。
4. 应用假想轮廓线画出极限工作位置。
5. 标准件要查阅相关标准确定。
6. 相邻零件剖面线的方向或间距要有明显的区别。
7. 序号布局要整齐。
8. 尺寸标注要按装配图尺寸标注要求进行，不得多注或少注尺寸。

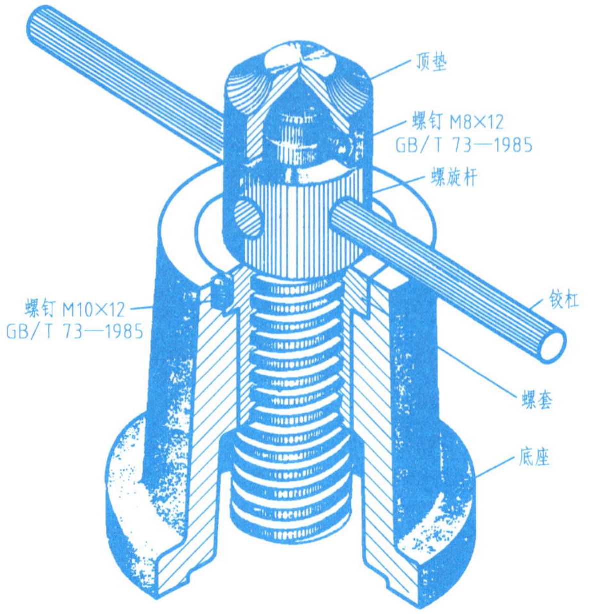

千斤顶立体图

千斤顶装配示意图

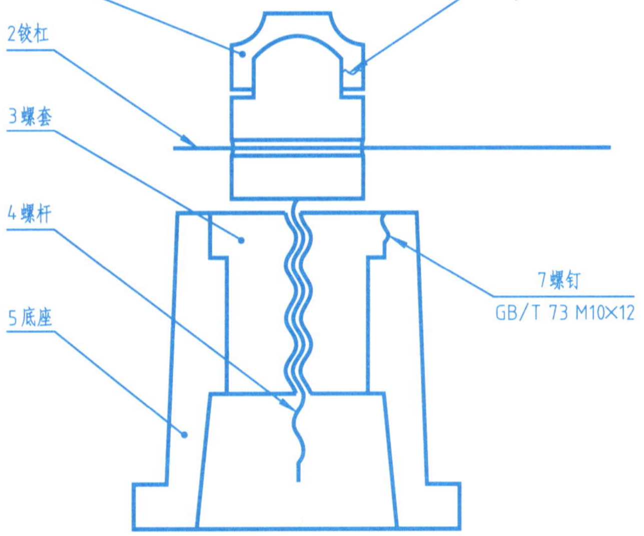

千斤顶工作原理说明

千斤顶是利用螺旋运动来顶举重物的一种起重或顶压工具，常用于汽车修理及机器安装中。

工作时，重物压于顶垫之上，将铰杠穿入螺旋杆上部的孔中，旋转铰杠，因底座与螺套不动，则螺旋杆在作圆周运动的同时，靠螺纹的配合作上、下运动，从而顶起或放下重物。

螺套镶在底座里，并用螺钉定位，磨损后便于更换；顶垫套在螺旋杆的顶部，其球面形成传递承重之配合面，由螺钉锁定，使顶垫不至于脱落且能与螺旋杆相对运动。

10-1 （续）绘制装配图（一） 千斤顶零件图。

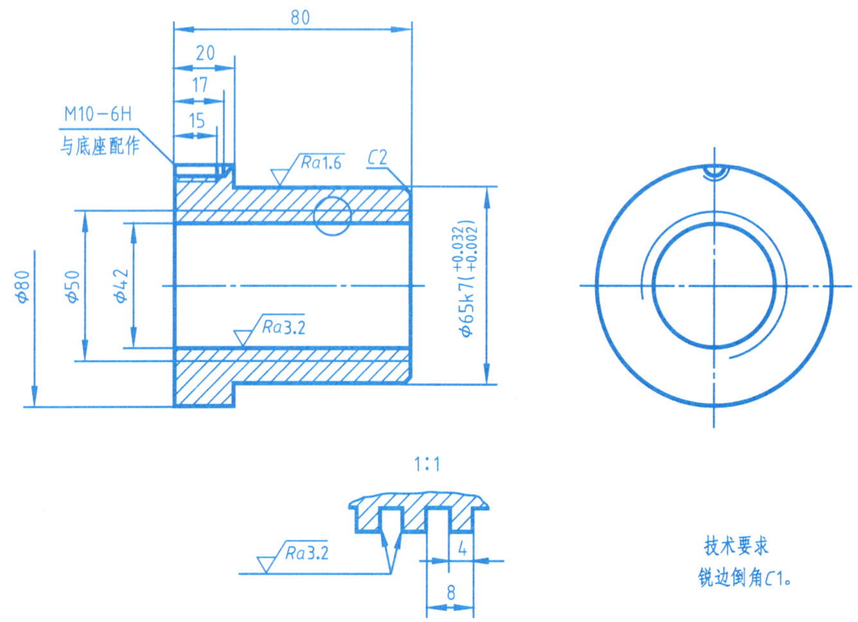

技术要求

锐边倒角C1。

名称：螺套 序号：3

数量：1 材料：ZCuAl10Fe3

Ra6.3 (√)

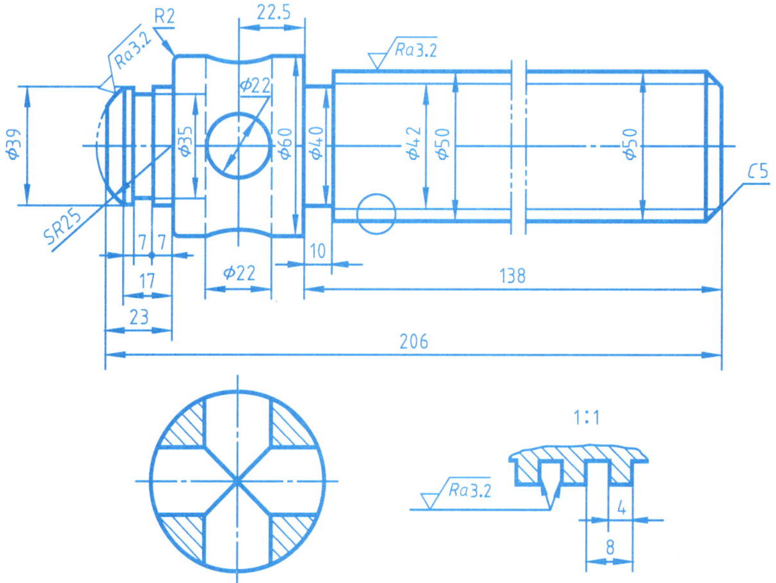

技术要求

调质处理250～280HBW。

名称：螺杆 序号：4

数量：1 数量：35

Ra6.3 (√)

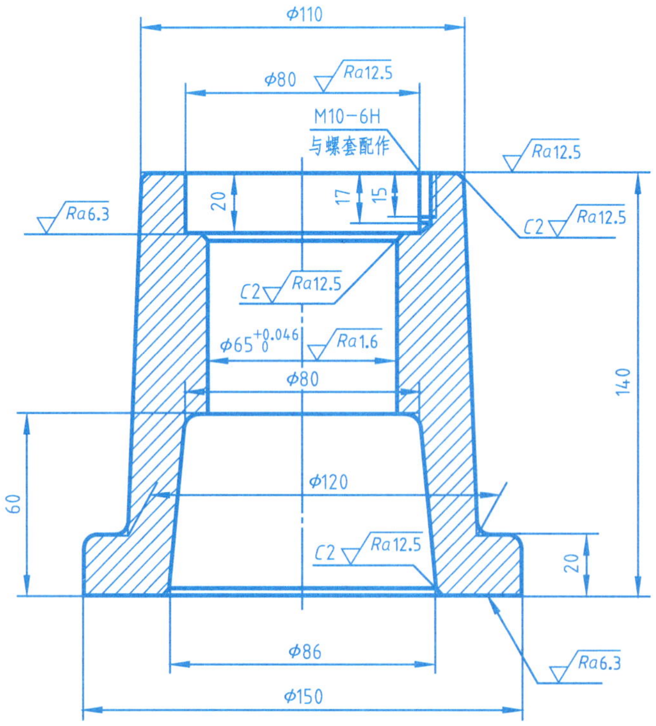

技术要求

未注圆角R3。

名称：底座 序号：5

数量：1 材料：HT200

(√)

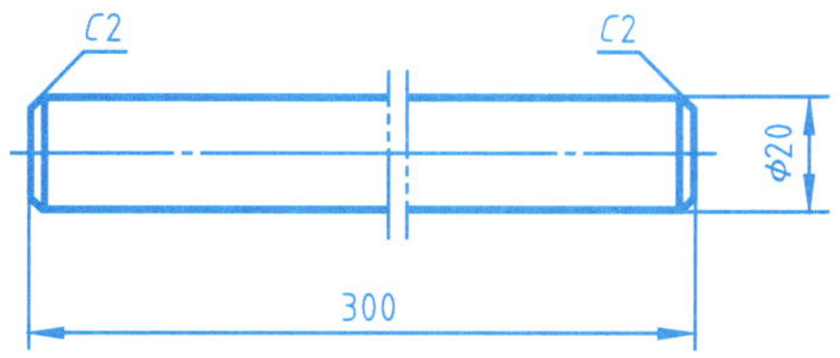

名称：铰杠 序号：2

数量：1 材料：35

Ra6.3 (√)

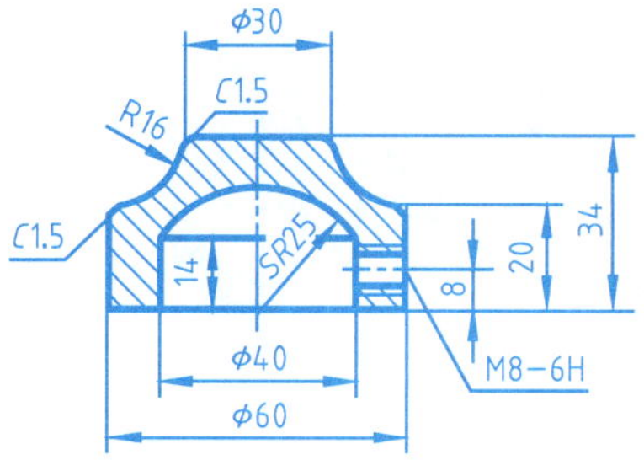

技术要求

热处理45～50HRC。

名称：顶垫 序号：1

数量：1 材料：Q275

Ra6.3 (√)

10-2　绘制装配图（二）　根据手压阀轴测图和零件图，拼画装配图。

一、工作原理

手压阀是吸进和排出液体的一种手动阀门。当握住手柄向下压紧阀杆时，阀杆压缩弹簧向下移动，液体出、入口相通；当手柄抬起时，弹簧松开，阀杆向上紧贴阀体，液体则不再通过。

二、作业提示

1. 了解部件工作原理和每个零件的作用及结构。

2. 选择装配图表达方案拼画装配图（A3 图纸，比例 1∶1）。

3. 绘图时，先画阀体 7 再画阀杆 5（按阀杆最高极限位置作图），使阀杆的 90°锥面与阀体的 90°锥面接触。

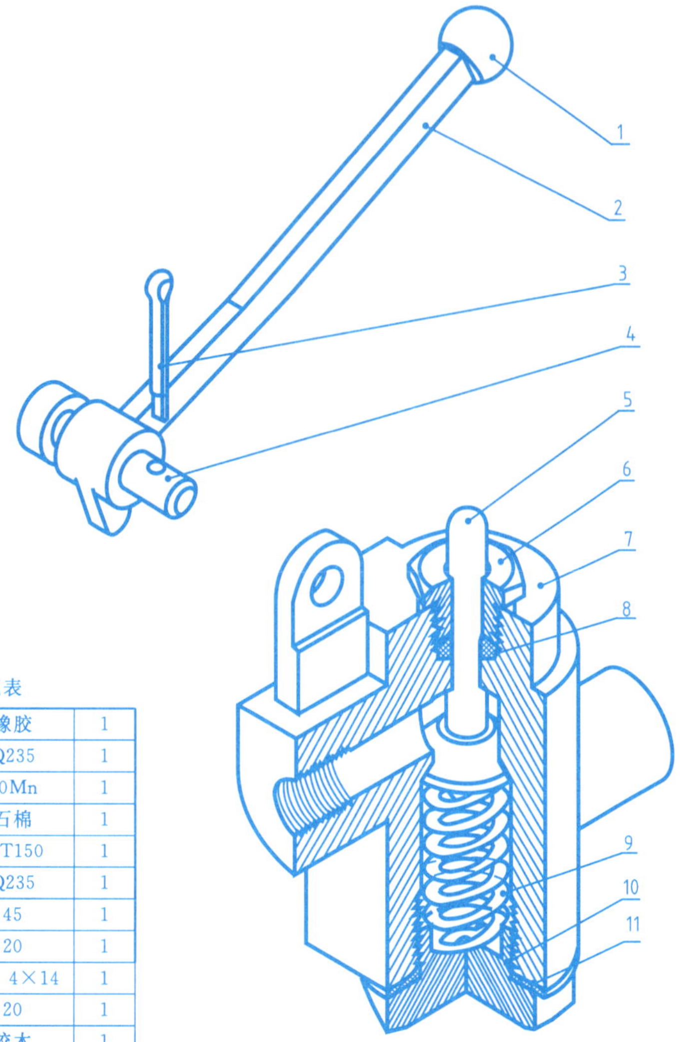

手压阀零件一览表

11	胶垫	橡胶	1
10	调节螺钉	Q235	1
9	弹簧	60Mn	1
8	填料	石棉	1
7	阀体	HT150	1
6	螺套	Q235	1
5	阀杆	45	1
4	销钉	20	1
3	销 GB/T 91—2000　4×14		1
2	手柄	20	1
1	球头	胶木	1
序号	名称	材料	件数

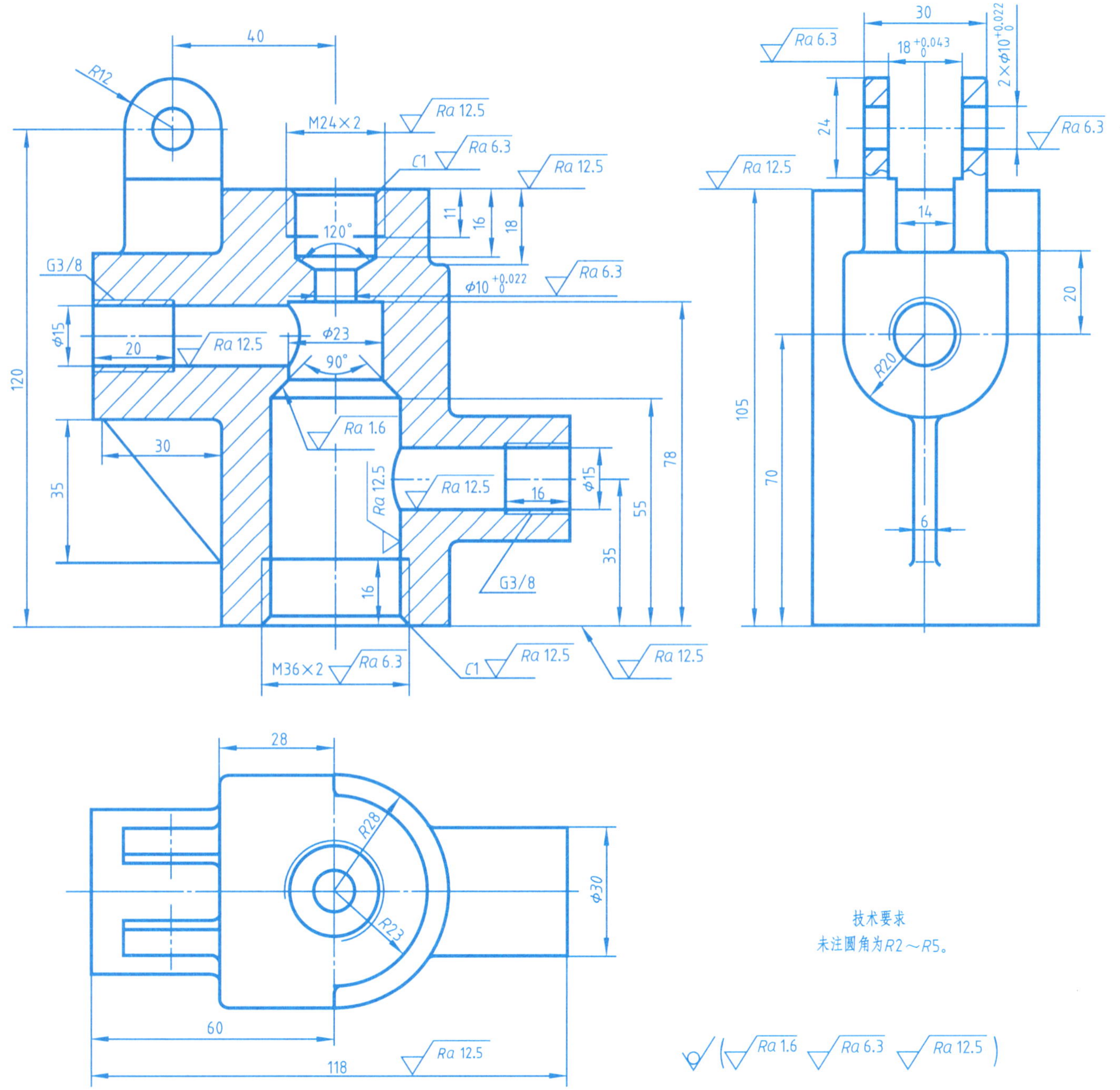

序号	7	名称	阀体	材料	HT150	件数	1

10-2 （续）绘制装配图（二）　根据手压阀轴测图和零件图，拼画装配图。

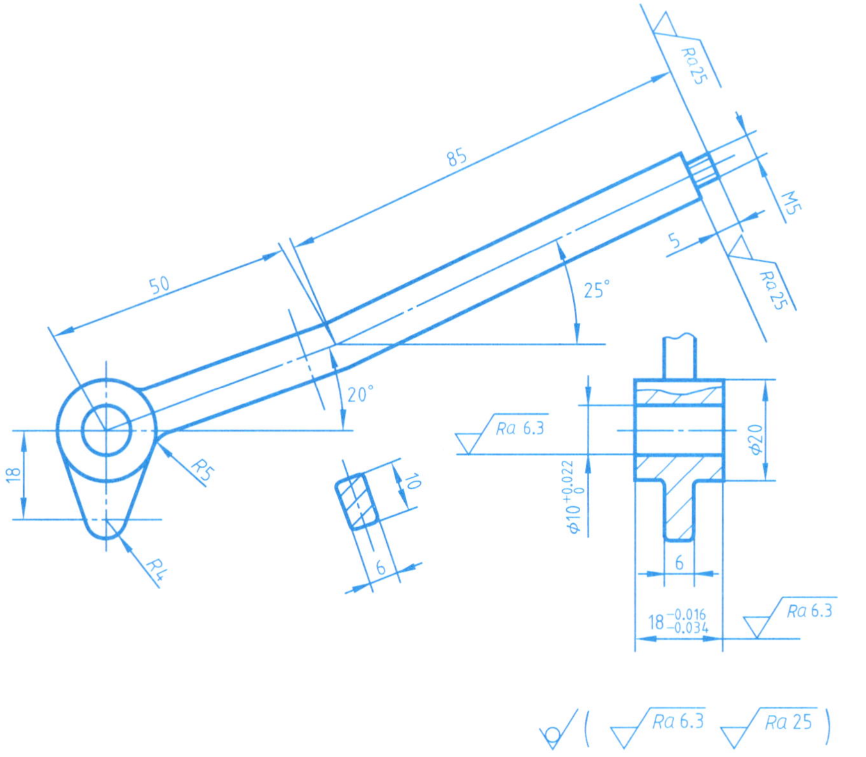

序号	2	名称	手柄	材料	20	件数	1

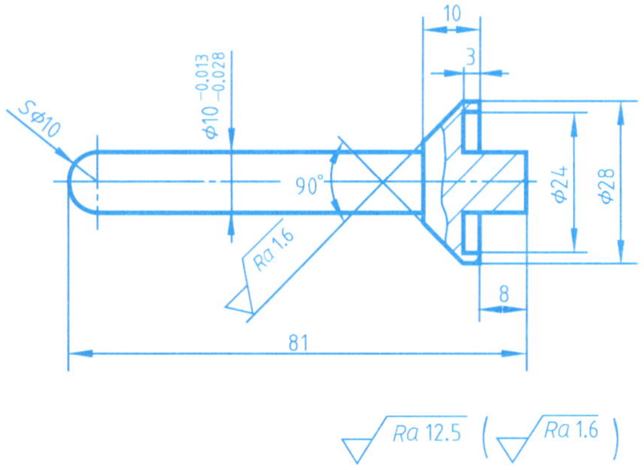

序号	5	名称	阀杆	材料	45	件数	1

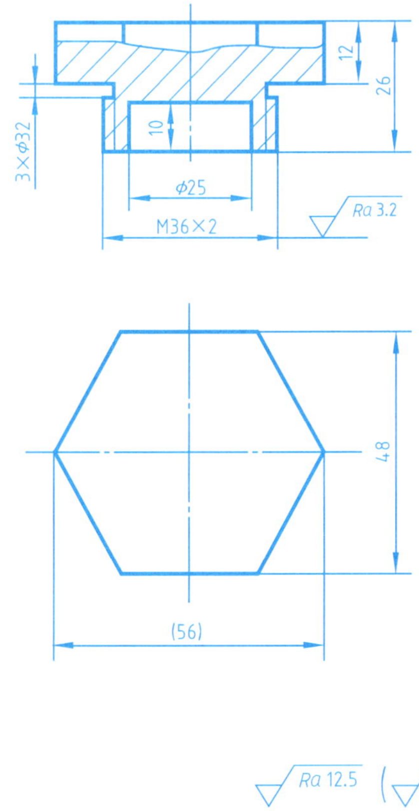

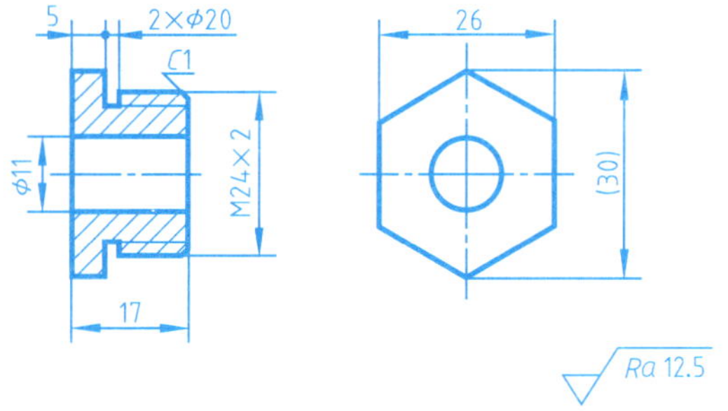

序号	6	名称	螺套	材料	Q235	件数	1

序号	10	名称	调节螺钉	材料	Q235	件数	1

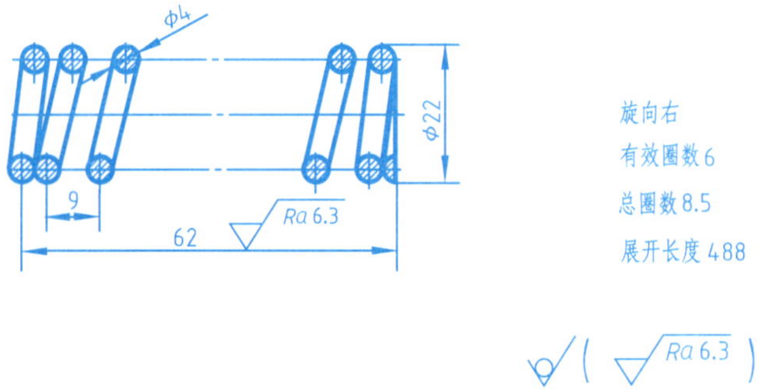

序号	9	名称	弹簧	材料	65Mn	件数	1

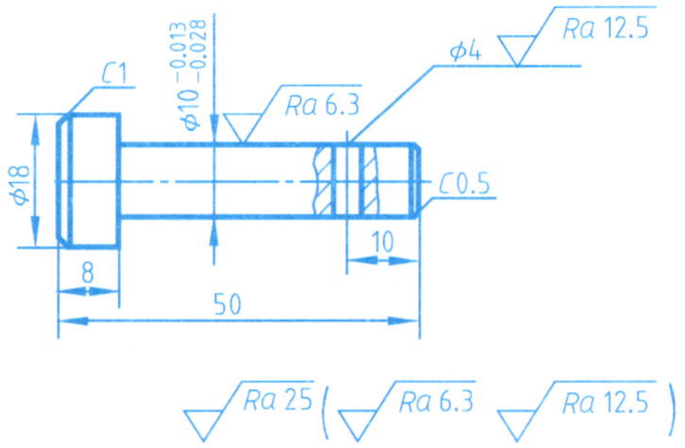

序号	4	名称	销钉	材料	20	件数	1

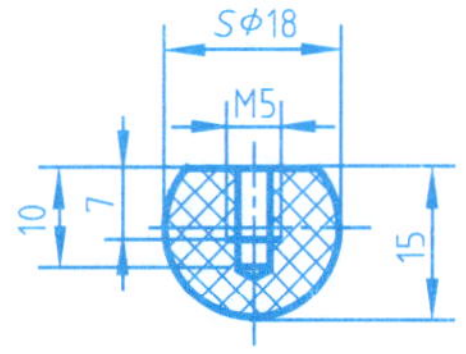

序号	1	名称	球头	材料	胶木	件数	1

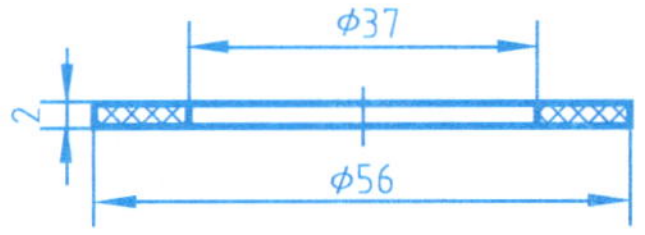

序号	11	名称	胶垫	材料	橡胶	件数	1

班级　　　　姓名　　　　学号

10-3　读装配图（一）　读机用虎钳装配图，回答问题。

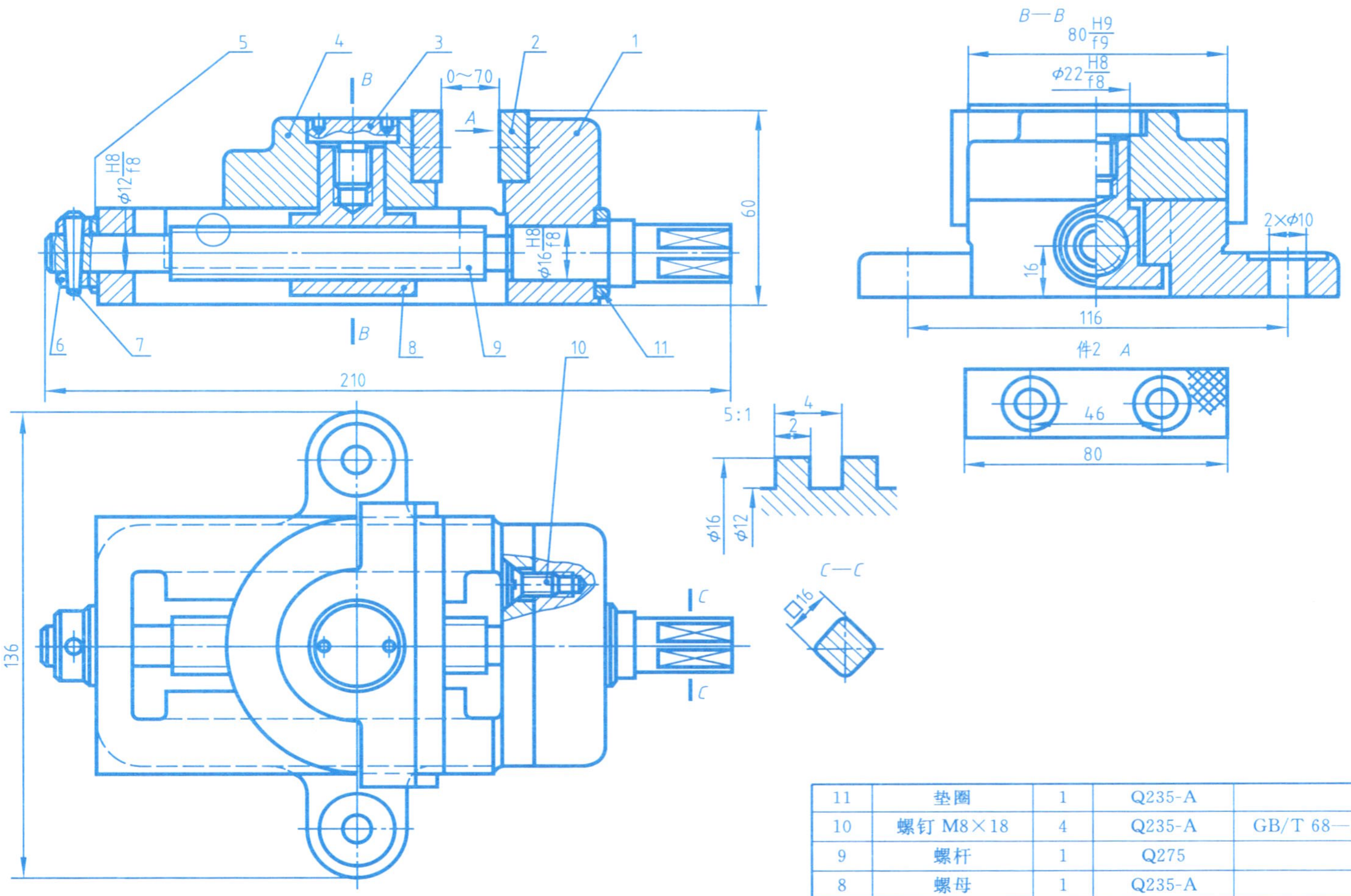

11	垫圈	1	Q235-A	
10	螺钉 M8×18	4	Q235-A	GB/T 68—2000
9	螺杆	1	Q275	
8	螺母	1	Q235-A	
7	销 4×20	1	Q235-A	GB/T 117—2000
6	环	1	Q235-A	
5	垫圈	1	Q215	
4	活动钳身	1	HT150	
3	螺钉	1	Q235-A	
2	护口片	2	45	
1	固定钳身	1	HT150	
序号	名称	数量	材料	备注
机用虎钳		比例 1∶2 / 质量	共　张 / 第　张	
制图				
设计				
审核				

看懂机用虎钳装配图，并回答问题。

1. 该装配体共有________种零件组成。
2. 该装配图共有________个图形。它们分别是________，________，________，________，________，________。
3. 按装配图的尺寸分类，尺寸 0～70 属于________尺寸，尺寸 116 属于________尺寸，尺寸 210、136、60 属于________尺寸。
4. 件 2 与件 1 为________连接，件 6 与件 9 是由________连接的。
5. 断面图 C—C 的表达意图是什么？
6. 局部放大图的表达意图是什么？
7. 螺杆 9 旋转时，件 8 作________运动，其作用是________。
8. 件 9 螺杆与件 1 固定钳身左右两端的配合代号是________，它们是表示________制，________配合。
9. 件 4 与件 8 是通过________来固定的。
10. 件 3 上的两个小孔有什么用途？
11. 简述装配体的装、拆顺序。
12. 简述机用虎钳的工作原理。

10-4　读装配图（二）　识读柱塞泵装配图，回答问题并拆画零件图。

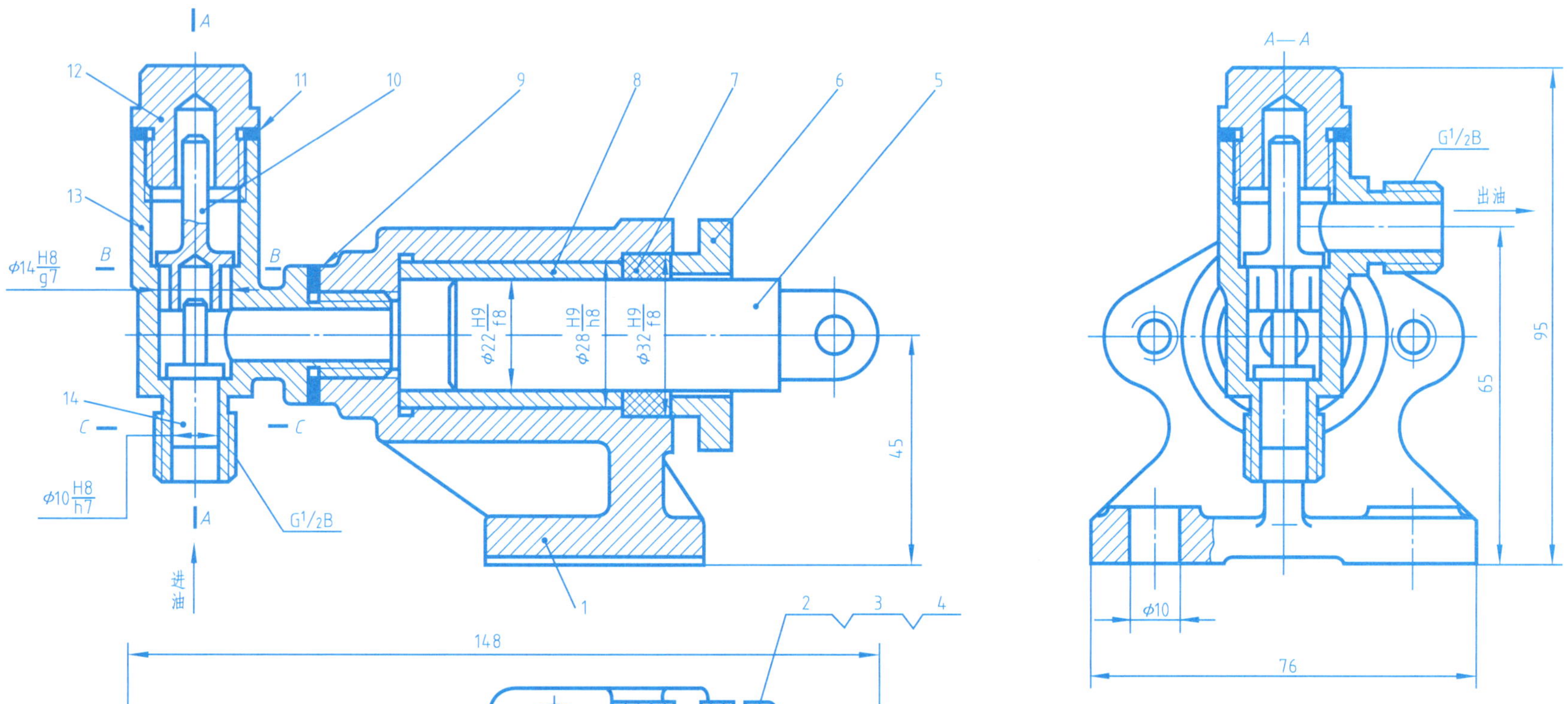

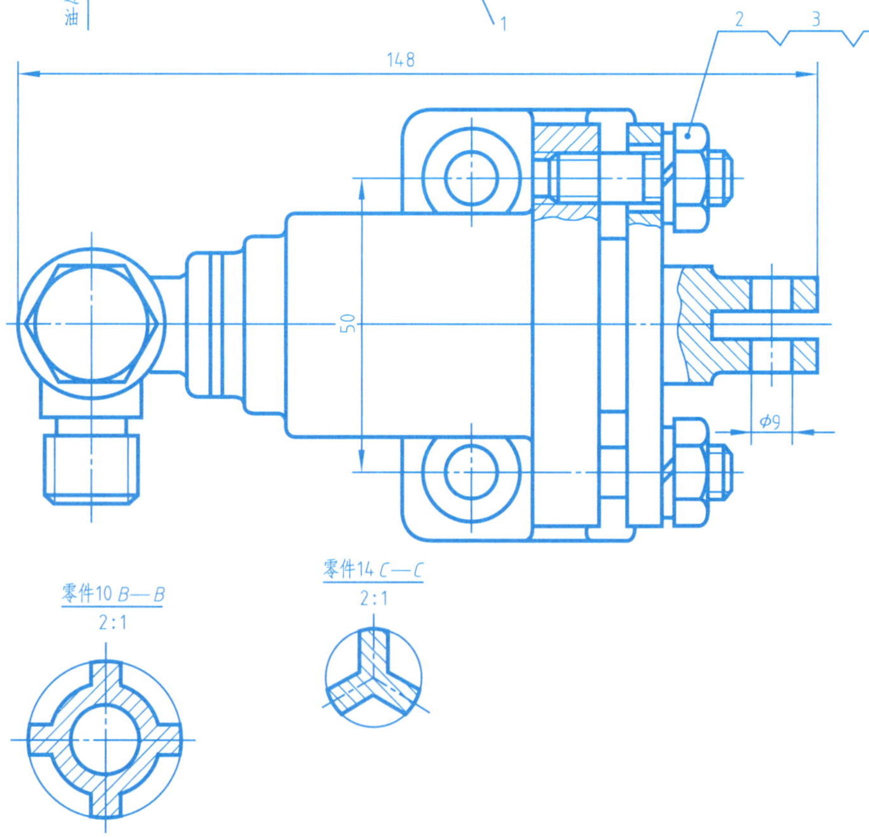

技术要求

1. 试验压力0.6MPa，工作压力0.5MPa。
2. 试验压力为0.6MPa时无泄漏现象。

14	下阀瓣	1	ZCuZn38Mn2Pb2	
13	管接头	1	ZCuZn38Mn2Pb2	
12	螺塞	1	ZCuZn38Mn2Pb2	
11	垫片	1	耐油橡胶	
10	上阀瓣	1	ZCuZn38Mn2Pb2	
9	垫片	1	耐油橡胶	
8	衬套	1	ZCuZn38Mn2Pb2	
7	填料	1	毛毡	
6	填料压盖	1	ZCuZn38Mn2Pb2	
5	柱塞	1	45	
4	螺柱 M8×35	2	Q235-A	GB/T 898—1988
3	垫圈 8	2	Q235-A	GB/T 93—1987
2	螺母 M8	2	Q235-A	GB/T 6170—2000
1	泵体	1	HT150	
序号	名称	数量	材料	备注

柱塞泵	比例	重量	共___张	03
	1∶1		第___张	
制图				
校对				

识读柱塞泵装配图，回答问题：

1. 柱塞泵共有__________种零件组成，其中有__________种是非金属材料，它们分别是__________、__________，紧固件有__________种，它们的材料是__________，也称为__________钢。

2. 柱塞泵共用了__________个图形来表达，其中主视图采用了__________视图表示法，俯视图有__________处采用了__________视图，B—B 和 C—C 称为__________图。

3. 主视图中 $\phi22\ \frac{H9}{f8}$ 和 $\phi10\ \frac{H8}{h7}$ 称为__________尺寸，45 属__________尺寸，总体尺寸是__________，50 属__________尺寸，G½B的含义是__________。零件 8 与零件 1 属于__________制的__________配合。

4. 零件 1 与零件 6 是__________连接，零件 7 的作用是__________。

5. 当零件 5 右移时，内腔压力降低，零件__________移（打开），此时__________；反之当零件 5 左移时，内腔压力增加，零件__________移（打开），此时__________。

6. 拆画件号 1 的零件图。

11-1　根据机用虎钳的轴测图和装配示意图及成套零件轴测图，以 1∶1 比例在 A3 图纸上拼画出其装配图。

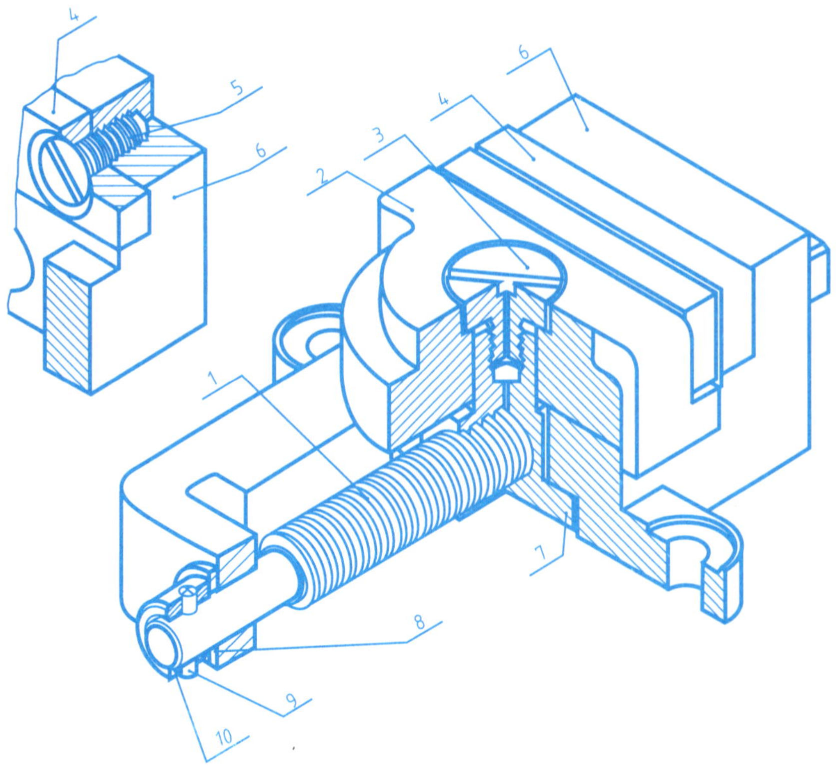

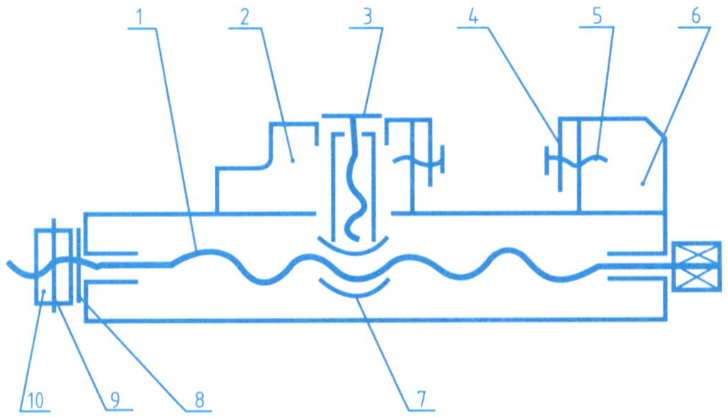

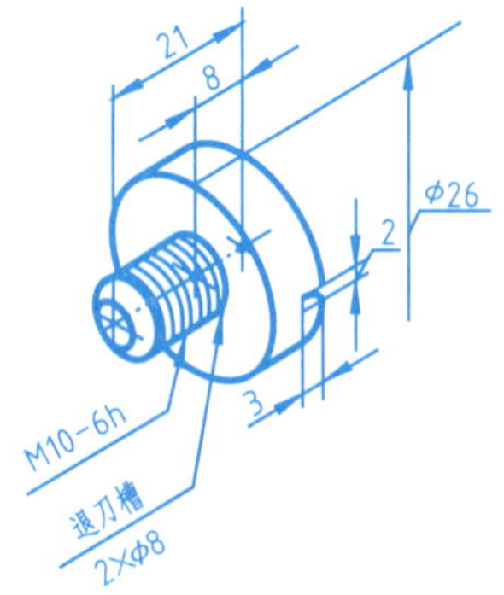

序号	3	名称	螺钉	材料	Q235	数量	1

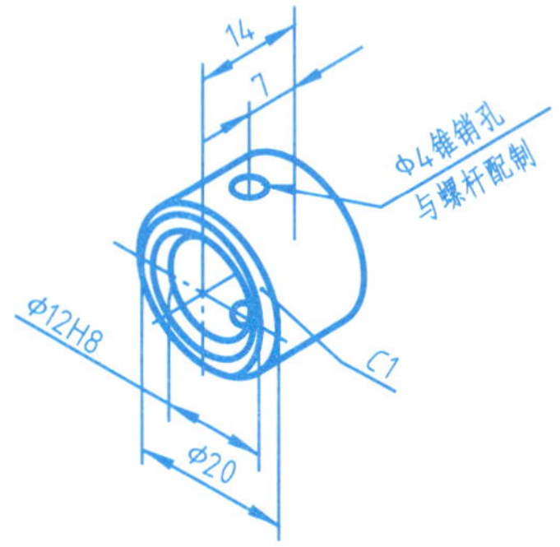

序号	10	名称	挡圈	材料	Q235	数量	1

10	挡圈	Q235	1
9	销 GB/T 117—2000　A4×22		1
8	垫圈 GB 97.1—2002　12		1
7	螺母	Q235	1
6	钳座	HT200	1
5	螺钉 GB/T 68—2000 M10×20		4
4	钳口板	45	2
3	螺钉	Q235	1
2	活动钳口	HT200	1
1	螺杆	45	1
序号	名称	材料	件数

机用虎钳工作原理

机用虎钳是装在机床工作台上，用来夹紧零件的夹具。当扳手转动螺杆 1 时，螺杆带动螺母 7，使活动钳口 2 作直线运动，螺母与活动钳身用螺钉 3 连接成一体，两块钳口板 4 分别用螺钉 5 固定在活动钳身和钳座 6 上，以便磨损后可以更换。因此当螺杆转动时，活动钳身就会沿固定钳身移动，这样使钳口闭合或开放，以便夹紧或松开工件。

11-1（续）　根据机用虎钳的轴测图和装配示意图及成套轴测零件图，以 1∶1 比例在 A3 图纸上拼画出其装配图。

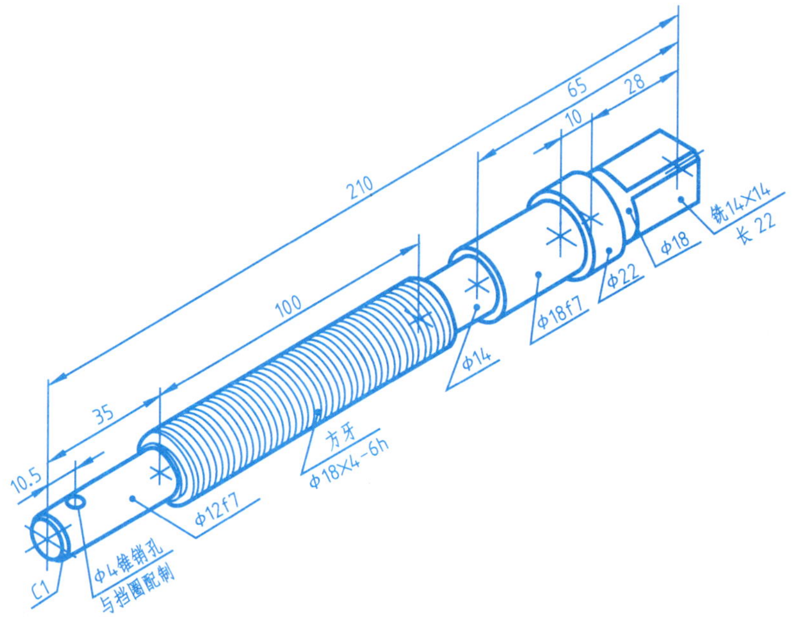

序号	1	名称	螺杆	材料	45	数量	1

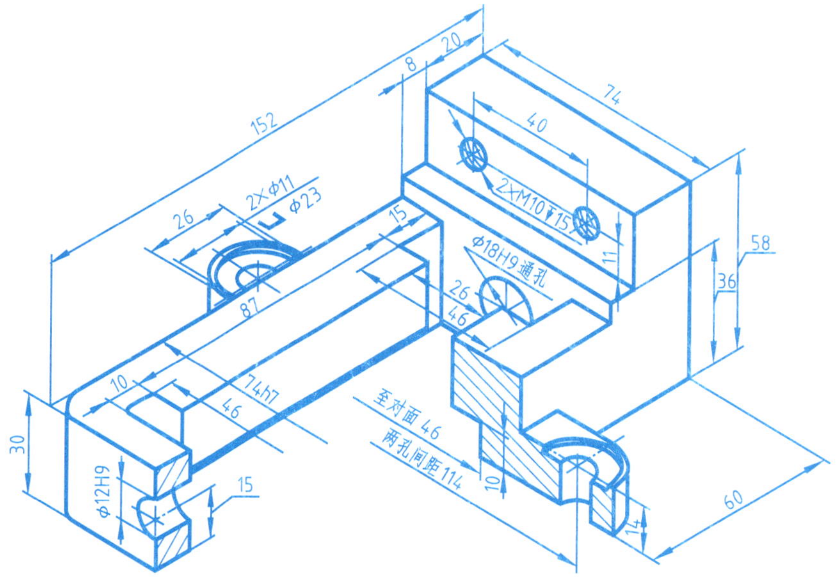

序号	6	名称	钳座	材料	HT200	数量	1

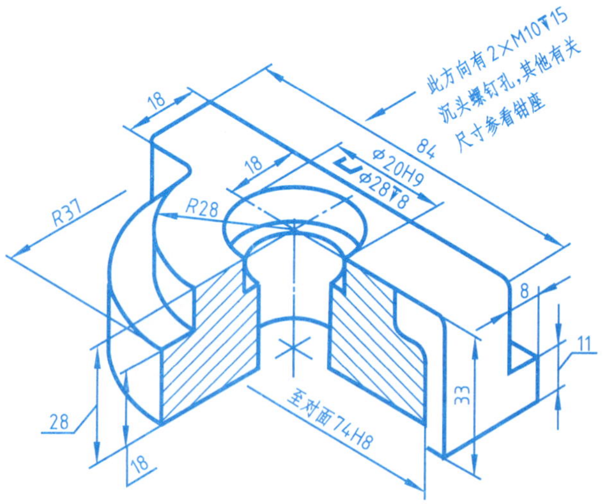

序号	2	名称	活动钳口	材料	HT200	数量	1

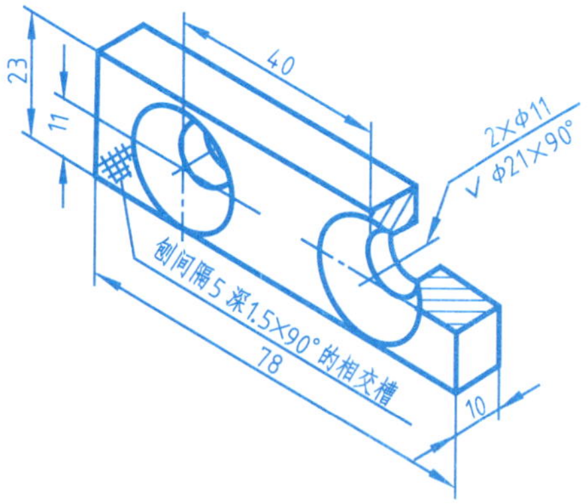

序号	4	名称	钳口板	材料	45	数量	2

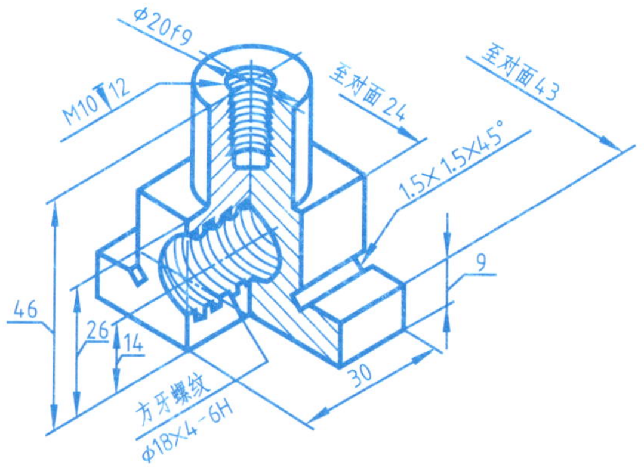

序号	7	名称	螺母	材料	Q235	数量	1

参考文献

[1] 裘文言等. 机械制图习题集（第二版）. 北京：高等教育出版社，2009.
[2] 魏丽. 工程图学教程实训. 北京：机械工业出版社，2009.
[3] 涨潮. 机械制图习题集. 北京：机械工业出版社，2006.
[4] 胡建生. 机械制图习题集. 北京：机械工业出版社，2009.
[5] 朱辉等. 画法几何及工程制图习题集（第五版）. 上海：上海科学技术出版社，2003.
[6] 周明贵. 机械绘图与识图 300 例. 北京：化学工业出版社，2007.
[7] 郭红利等. 工程制图习题集. 北京：科学出版社，2008.